AF555076

ÉCONOMIE AGRICOLE

ORGANISATION
DU
CRÉDIT AGRICOLE

DANS L'INTÉRÊT PUBLIC

SEUL MOYEN DE PRÉVENIR LES CRISES DES SUBSISTANCES
ET D'ASSURER LA VIE A BON MARCHÉ
LA PROSPÉRITÉ DE L'AGRICULTURE ET LA RICHESSE DE LA FRANCE

PAR F. BRETON

Ancien Propriétaire Agriculteur, Rapporteur de la Commission du Crédit Agricole au Congrès central d'Agriculture de France, session de 1847,
Membre de plusieurs Sociétés agricoles.

— Ce n'est pas l'insuffisance des bénéfices agricoles qui empêche ou arrête les plus importantes améliorations de l'agriculture, mais bien l'absence des capitaux et l'impossibilité de s'en procurer.
Nul doute que le produit agricole de nos provinces arriérées (Centre, Ouest, Sud-Ouest, la moitié de la France agricole) ne puisse être facilement quintuplé, avec l'aide des capitaux indispensables.
ROYER, Inspecteur général de l'agriculture française *(1844!!!)*

— Sans capital, les entreprises les plus utiles ne peuvent qu'avorter.
Le comte CUWKOWSKY.

QUATRIÈME ÉDITION

Prix : **1** fr. **25.** — en timbres-poste **1** fr. **35** expédié *franco.*
Forte remise sur demande en nombre.

PARIS

CHEZ L'AUTEUR, RUE DE L'ABBÉ-GROULT, 13, PARIS-VAUGIRARD,
A la Librairie Agricole, rue Jacob, 26,
ET CHEZ TOUS LES LIBRAIRES.

PRÉFACE

Les souffrances séculaires de l'Agriculture française se traduisaient jadis par des famines qui décimaient les populations. Aujourd'hui des crises périodiques font doubler le prix des grains et imposent les plus dures privations aux populations laborieuses. L'insuffisance de la production agricole, cause de tant de souffrances et de ruines redoutables, a provoqué quelques palliatifs impuissants; mais aucun moyen certain de prévenir ces désastres n'a pu être appliqué. Les enseignements de l'expérience et du progrès général auraient pu provoquer quelques mesures et suggérer quelques entreprises utiles et efficaces, mais toute initiative à été paralysée par les préjugés enracinés dans les esprits. Les hommes d'état, les législateurs, les financiers, et l'administration supérieure sont restés impuissants devant les crises des subsistances qui sévissent après toute mauvaise récolte, nécessitant une importation de grains étrangers, et une perte annuelle de plusieurs centaines de millions de francs supportée par la population entière.

Dès le siècle dernier cependant, on constatait l'insuffisance générale des capitaux employés par notre agriculture, pour obtenir une bonne exploitation du sol. L'Angleterre en fournissait une preuve décisive; mais alors les relations internationales trop rares ou interrompues, et d'ailleurs complètement nulles au point de vue agricole, ne permettaient pas d'étudier les grandes améliorations foncières et agricoles appliquées par les propriétaires et les fermiers anglais, pour obtenir une production générale *élevée au double de la nôtre*, par la puissance des capitaux indispensables et les nombreuses Banques favorisant la circulation provoquée par un crédit largement organisé dans ce but.

Cependant la grande entreprise agricole fondée par Mathieu de Dombasle en 1820, ayant attiré l'attention publique sur l'agriculture, un horizon nouveau apparut aux yeux des nombreux disciples du maître et fit de nombreux prosélytes parmi tous les lecteurs de ses écrits.

Des revers signalèrent d'abord les débuts des néophytes agricoles et retardèrent l'invasion générale du progrès; mais enfin les leçons de l'expérience s'étant traduites en faits sur le terrain et des succès réels et nombreux ayant fait oublier les premiers désastres éprouvés faute de prudence et d'apprentissage du métier, la grande propriété comprit enfin les bienfaits et les immenses avantages de l'agriculture.

Des études officielles plusieurs fois renouvelées, constatèrent aussi que le système économique de l'Angleterre introduit par Colbert, ne consistait pas uniquement, comme on l'avait pensé, en manufactures industrielles, mais qu'il fallait encore nécessairement appliquer les mêmes principes et des capitaux aussi considérables à l'agriculture, qui en était entièrement privée, parce que cette grande industrie chargée d'assurer la subsistance générale de la population entière, est encore la base la plus solide de la prospérité et de la richesse du pays.

Malheureusement ces études et ces enseignements pratiques ne furent pas compris dans les régions officielles, les vieux préjugés dominaient encore dans les esprits, dans les conseils du Gouvernement, comme dans les écrits des économistes, des publicistes et même dans ceux des écrivains agronomes; l'immense personnel agricole, d'ailleurs, restant complètement étranger à toutes les questions économiques, même à celles qui peuvent l'intéresser au plus haut degré.

L'organisation du crédit commercial et ses effets considérables sur le développement des industries et du commerce, depuis trente années, ont démontré cependant, combien les capitaux circulants ont de puissance sur la production de la richesse et l'impossibilité d'en méconnaître les résultats merveilleux, comme de s'en passer; l'intérêt public exigeant l'emploi de tous les moyens dont l'utilité reconnue peut assurer les améliorations les plus considérables du sort des populations laborieuses et l'accroissement de la richesse et de la grandeur du pays.

Dans de telles conditions, le crédit organisé pour l'agriculture est le complément nécessaire du système économique adopté en France, avec le concours du Crédit commercial organisé pour l'industrie et le commerce, et il est de la plus grande urgence de préparer l'application des mesures signalées dès 1844, par Royer, inspecteur général de l'agriculture française, que des préventions, des préjugés et une opposition systématique ont repoussées constamment jusqu'à aujourd'hui, au grand dommage du premier, du plus grand de nos intérêts nationaux.

Aucun des nombreux projets d'organisation du Crédit, n'a pu réunir jusqu'ici l'assentiment général. la plupart méconnaissent les conditions spéciales de la plus grande de toutes nos industries, chargée d'assurer la subsistance générale de 40 millions de consommateurs, et à ce titre sacré, la seule qui ait un droit positif de réclamer de l'État, au nom de l'intérêt public, l'application des mesures relatives à la meilleure organisation d'une Banque du crédit nécessaire à la circulation des capitaux les plus indispensables à la bonne exploitation du sol, pour obtenir la production générale réclamée si impérieusement par les besoins de la consommation générale.

Les hommes les plus influents de la haute finance, la plupart étrangers à l'agriculture et dominés par d'anciens préjugés et toutes les préventions de la routine, prétendent que les conditions générales du commerce et du Crédit commercial, qui leur sont familières, sont les seules applicables à l'agriculture, et ils sont impuissants à les concilier avec les exigences de la grande industrie agricole, qui leur sont inconnues.

Nous comprenons parfaitement ces préventions et avec d'autant plus de raison, que nous les avons partagées à une autre époque et ce n'est qu'après avoir pratiqué l'agriculture sur le terrain, pendant d'assez longues années, et médité constamment les conditions d'une organisation rationnelle du Crédit agricole et toutes les difficultés soulevées par les adversaires d'une solution de cette grave question, que l'on voudrait enterrer encore une fois, que nous avons dû modifier successivement nos premières propositions datant de 1847, pour arriver enfin à l'élaboration d'un projet de Banque agricole, dégagé de tous les inconvénients signalés précédemment et possédant toutes les conditions reconnues les plus favorables à la circulation des capitaux et à l'établissement normal d'une Banque de crédit, pour la plus grande industrie du pays, celle qui donne la vie à toutes les autres.

Dans un concours ouvert par l'Académie Impériale des sciences et arts de Bordeaux, nous avons produit un mémoire spécial sur cette grande question du crédit, en nous renfermant exclusivement dans ce qui concerne ses conditions, ses garanties, son mécanisme, ses effets et son application pratique; nous avons obtenu, sur dix-sept mémoires produits, une mention honorable dans les termes suivants :

« *Avant tout la commission doit rendre justice à* « *l'ensemble du concours, la généralité des compo-* « *sitions se place à un niveau satisfaisant qu'ont* « *dépassé quelques-unes d'entre elles, le mémoire* « *inscrit sous le numéro 694, a été remarqué.*

« *Le côté financier du sujet mis au concours est* « *exclusivement traité dans ce mémoire; mais il faut* « *le reconnaître, la question financière s'y trouve* « *remarquablement étudiée. Tous les problèmes qui se* « *rattachent à l'organisation du Crédit, sont exami-* « *nés, avec une grande intelligence de la matière et* « *un soin consciencieux. Il est à regretter que l'auteur* « *spécialisant ainsi son travail, n'ait abordé qu'un*

« *des côtés du sujet, mais du moins l'a-t-il fait plus* « *sûrement et plus complètement qu'aucun de ses* « *rivaux.* » (*Seize* concurrents).

Depuis lors, la partie spéciale du Crédit agricole a été entièrement revue et développée par l'Auteur et forme le sujet de l'ouvrage aujourd'hui soumis au public. (1)

La demande générale d'une Banque de l'Agriculture résultant des documents publiés sur les résultats de l'Enquête officielle de 1866, et les opinions manifestées sur l'organisation du Crédit agricole, nous ayant révélé une divergence complète d'idées sur les principes rationnels et constitutifs du crédit et de la circulation appliqués à l'Agriculture *dans l'intérêt public;* nous avons cru devoir intervenir encore une fois dans la discussion, après nos publications précédentes de 1847, 1851, 1854, 1861 et 1865, et nos différents écrits dans divers jonrnaux, afin de hâter l'application de cette organisation réclamée par un grand intérêt national, par l'agriculture entière et par le pays. Ces graves motifs nous ont décidé à publier cet ouvrage pour répondre à toutes les objections dans un but d'utilité générale que chacun pourra apprécier après en avoir pris lecture.

---

(1) Nous avons publié séparément la partie accessoire du sujet mis au concours sous le titre de : l'Assistance publique et la bienfaisance au 19e siècle, fondation des Colonies agricoles hospitalières, brochure in-8 de 176 pages, prix 2 fr. 50, expédiée franco, sur envoi de mandat de poste ou 2 fr. 60 en timbres-poste, chez l'Auteur, rue de l'Abbé-Groult, 13, Paris-Vaugirard, et chez tous les libraires.

Il nous reste à désirer que tous les amis de l'agriculture et du pays, après nous avoir lu, s'ils adoptent nos principes, nos propositions et nos espérances, veuillent bien propager ce petit livre, dont le bas prix est à la portée de tous, afin de hâter la diffusion des notions générales d'intérêt public, que nous avons cherché à rendre assez claires pour être comprises par tout le monde. C'est le moyen le plus sûr d'obtenir de nombreux adhérents pour soutenir et faire valoir les droits de l'agriculture au crédit, s'il arrivait que ses anciens et constants adversaires eussent encore la prétention de paralyser l'expression des vœux et des intérêts agricoles, comme ils y sont parvenus jusqu'ici.

Nous avons tout lieu d'espérer cependant que les demandes légitimes de l'agriculture seront accueillies, car l'un des principaux adversaires du crédit agricole ayant terminé sa carrière, les vœux, les besoins et les droits de l'agriculture ne seront plus méconnus, et ses souffrances ne seront plus que des souvenirs pénibles.

Que la terre soit légère à ceux dont le passage ici bas a pu entraîner, par leur opposition systématique anti-française, tant de désastres et de ruines, si souvent renouvelés pour nos populations laborieuses.

Une nouvelle ère commence avec l'année 1869; bientôt ses effets se feront sentir d'un bout du territoire à l'autre.

Mais n'oublions pas cependant le vieil adage de nos pères, consacré par l'expérience :

Aidons-nous, le ciel nous aidera.

ÉCONOMIE AGRICOLE.

ORGANISATION DU CRÉDIT AGRICOLE

DANS L'INTÉRÊT PUBLIC

SEUL MOYEN DE PRÉVENIR LES CRISES DES SUBSISTANCES
ET D'ASSURER LA VIE A BON MARCHÉ,
LA PROSPÉRITÉ DE L'AGRICULTURE ET LA RICHESSE
DE LA FRANCE.

CHAPITRE PREMIER.

La crise des subsistances et les souffrances des populations laborieuses. — Les importations de grains étrangers et l'exportation d'un capital énorme. — Le pain, le travail, le capital et le crédit organisé.

Toutes les questions relatives à la production agricole d'un grand pays comme la France, à la subsistance d'une population de quarante millions d'hommes, sont de la plus haute gravité et réclament une prompte solution dans l'intérêt public.

Dans les années de récoltes mauvaises, les déficits sont tellement considérables que dans les années 1846 — 1847

— 1853 — 1854 — 1855 et 1856, les seules importations de grains étrangers ont dépassé quarante millions d'hectolitres, d'une valeur d'un milliard de francs.

L'insuffisance de la récolte 1867 a nécessité une importation de grains dépassant quinze millions d'hectolitres d'une valeur de 3 à 400 millions de francs.

Ces sommes si considérables exportées à l'Étranger, sont des primes payées aux dépens de la France, à l'agriculture des peuples nos rivaux, et c'est encore une preuve flagrante de l'infériorité de notre situation économique, dans le premier, le plus important de nos plus grands intérêts nationaux, lorsque nous pourrions facilement, très facilement même, élever notre production générale au niveau de tous les besoins de notre consommation générale, en toutes circonstances, et non seulement éviter toute importation de produits agricoles, mais encore devenir, sans la moindre difficulté, les fournisseurs de nos voisins, au lieu de recevoir de l'étranger notre indispensable nourriture tant qu'il voudra bien nous la fournir à beaux deniers comptants.

Dans les années de bonnes récoltes, l'abondance amène l'abaissement du cours des grains audessous du prix de revient, ruine les producteurs, arrête la production et provoque l'exportation à l'étranger, à vil prix, du produit de première nécessité qui, trop souvent, dès l'année suivante, peut faire défaut et exiger une importation de grains aux prix les plus onéreux pour nos consommateurs. Pendant ces crises des subsistances, la rareté et la cherté des grains causent de grandes souffrances aux populations laborieuses des villes et des campagnes; elles subissent les plus dures privations et peuvent à peine entretenir leurs familles, le prix élevé du pain quotidien absorbe leurs ressources et les malheureux privés d'ouvrage sont réduits à la plus grande misère.

L'aumône matérielle vient calmer momentanément

quelques souffrances; mais toujours insuffisante et dangereuse, elle dégrade et avilit le malheureux, entretient souvent la paresse et conduit à l'abrutissement.

Ces privations, ces souffrances, ces dangers, tristes et déplorables résultats des crises alimentaires, démoralisent les populations, multiplient les vols, les attaques nocturnes et trop souvent de plus grands crimes.

Sans aucun doute les mauvaises récoltes ruinent les producteurs et les consommateurs et leurs effets nuisibles se font sentir jusque sur la consommation des produits de toutes les industries.

Nous devons donc nous hâter de rechercher et d'appliquer les moyens les plus efficaces de remédier aux souffrances des populations laborieuses et d'assurer la subsistance générale, dans un grand intérêt public.

Les améliorations économiques nécessaires, indispensables à la modification de cette situation générale, sont connues et mises en pratique, mais d'une manière incomplète, insuffisante et négligée, au point de vue de l'intérêt général, du bien-être du plus grand nombre, quoique devant résulter indispensablement de la prospérité des intérêts de tous.

On a trop souvent méconnu la puissance du capital, la nécessité du Crédit et les bienfaits de l'association dans leur ensemble, dans leurs détails spéciaux, comme dans leurs rapports avec les populations laborieuses et l'intérêt public.

Or, il est démontré, d'une manière irréfragable :

— Que le travail est indispensable à tous et à chacun pour assurer le pain quotidien nécessaire à la vie et à l'entretien des forces qui doivent conquérir le bien-être et l'aisance.

— Que le travail est nécessaire à l'industrie.

— Que le capital est indispensable pour commander et rétribuer le travail.

— Car sans capital point de travail, sans travail point de produits, sans produits point d'industries, sans industries point de civilisation.

Le capital est donc la plus puissante des forces motrices pour imprimer un immense mouvement d'activité à la production générale, employer tous les bras, salarier le travail et répandre ainsi, *par ce moyen, le plus parfait de tous*, le bien-être et l'aisance même, sur toute la surface d'un pays.

Mais le capital est insuffisant et incomplet pour satisfaire à toutes les conditions du progrès, à toutes les exigences de l'Industrie, et le *Crédit* par sa merveilleuse puissance, *aujourd'hui bien comprise*, mais d'une application trop restreinte et trop insuffisante, est venu offrir *le moyen par excellence de satisfaire tous les besoins généraux légitimes*, avec toutes les garanties nécessaires, pour faciliter la circulation générale et normale de toutes les valeurs fixes, inactives, engagées et frappées d'inertie au grand dommage des intérêts de tous.

La perfection du crédit, l'organisation rationnelle des établissements publics chargés d'opérer la transformation et la circulation du capital et *la conversion des valeurs représentatives*, sont donc nécessaires au bien général des populations laborieuses, à la prospérité de toutes les industries, à la multiplication de toutes les richesses dans l'intérêt général de la société entière.

Le Gouvernement seul peut hâter les développements de la prospérité de toutes les industries, par la bonne organisation des Institutions de crédit réclamées depuis longtemps; c'est la condition expresse de la circulation normale des capitaux, de la première et plus indispensable des forces motrices de toutes les entreprises agricoles industrielles et commerciales.

CHAPITRE II.

Les services du commerce des grains. — Les intempéries des saisons en France et leurs effets sur la production agricole. — Les régions climatériques et les régions culturales. — Les six régions providentielles de la France. — Les produits généraux de l'agriculture avec ou sans capitaux. — La production agricole facilement doublée. — La prospérité de l'agriculture tien à une simple question de crédit.

Jusqu'ici pour remédier aux causes si graves de souffrances et de misères imposées aux populations par les crises des subsistances, on n'a trouvé aucun autre moyen que celui d'assurer la liberté du commerce des grains, par la loi du 25 Juin 1861, en s'en rapportant entièrement à l'intérêt particulier des négociants en grains pour alimenter les marchés, après les mauvaises récoltes, ou à l'intérêt des cultivateurs pour écouler les éxcédants de la consommation dans les années d'abondance.

Ces mesures sont prises dans la prévision que les profondes modifications apportées dans le commerce spécial, par l'établissement des voies ferrées et de la navigation à vapeur, l'activité et la facilité des transports par ces immenses moyens de locomotion, permettront de faire face à tous les besoins, de satisfaire à toutes les conditions de la consommation et de la production, en toutes circonstances, dans l'intérêt général.

Mais ces grands intérêts du pays sont fort loin d'avoir reçu, par ces mesures, une complète satisfaction en toutes circonstances; car le commerce ne s'occupe que de ses propres intérêts, n'a d'autre but que les bénéfices les plus considérables, sans nul souci humanitaire ou social et il ne peut fournir à tous les besoins qu'à des prix très élevés, dans les années mauvaises, sans aucune amélioration à la situation des populations laborieuses, et il doit laisser les producteurs souffrir de l'avilissement du prix des grains, dans les années d'abondance. C'est ainsi, du moins, que nous avons pu constater les faits généraux depuis longues années; heureux encore quand la spéculation ne se mêle pas d'influencer directement les cours des grains sur les marchés de l'intérieur, soit en hausse, soit en baisse, pour exploiter les chances provoquées par elle-même.

Il est donc indispensable de recourir à d'autres moyens, rien n'étant changé à l'ancien état des choses : ce sont toujours de simples palliatifs à de grands maux, sans remède pour les guérir, ni même pour les diminuer en toutes circonstances; ce n'est plus la famine générale qui décimait jadis les populations, comme l'Algérie vient encore d'en fournir un déplorable exemple, qui sera le dernier si nos propositions sont immédiatement adoptées, au nom de l'humanité entière; mais c'est la ruine pour le grand nombre et pour d'autres c'est encore la faim, et, en cas de guerre générale, le commerce réduit à une impuissance complète sur terre et sur mer, laisserait tous les effets des crises alimentaires se faire sentir avec une intensité que rien ne pourrait affaiblir, puisqu'il deviendrait impossible d'y apporter quelques remèdes efficaces.

Cette situation économique de la France, présente donc un immense danger pour son indépendance, son honneur, sa prospérité, sa tranquillité et son avenir, et démontre la nécessité, l'urgence de recourir à de grandes améliorations positives, dans un véritable intérêt public et national.

Nous allons prouver incontestablement qu'il est facile de remédier à ces souffrances et même de les prévenir complètement.

Mais ici se présente une grave question préliminaire que nous devons examiner : la production agricole, dit-on est soumise à toutes les intempéries des saisons et il ne peut dépendre de personne de les soumettre à la convenance des producteurs. L'agriculture est placée dans une telle situation qu'il y a impossibilité radicale d'obtenir des améliorations certaines et suffisantes. Tous les efforts humains sont impuissants à prévenir les redoutables effets des fléaux qui peuvent détruire ou affaiblir la production agricole et depuis les Pharaons, les plaies dont fut frappée l'Égypte n'ont pas cessé d'être des éventualités suspendues sur toutes les populations du globe.

Il est incontestable que toutes les intempéries des saisons, les fléaux météoriques, compromettent la production végétale, mais seulement là où cette production est à peine suffisante pour la consommation. Car les fléaux les plus destructeurs n'affectent pas généralement la surface entière d'un grand pays comme la France, dont la température n'est pas partout la même et varie suivant les régions climatériques, qui ont déterminé des régions culturales différentes et des récoltes effectuées à des époques diverses, comme on le constate chaque année dans le midi, dans le centre et dans le nord et même dans les parties extrêmes de ces trois grandes divisions de notre sol : à l'ouest sur nos côtes maritimes, à l'est au pied des Alpes, au centre sur les versants des montagnes du Limousin, de l'Auvergne, du Forez, formant six régions culturales différentes, dont les récoltes se succèdent nécessairement et ne s'effectuent pas à la même époque, après avoir été soumises à des climats et à des influences dissemblables : situation topographique la plus favorable et la plus heureuse que l'on puisse désirer pour obtenir la production la plus élevée possible des travaux de la terre et les résultats les plus considérables que puisse procurer l'agriculture; mais à la condition de placer cette grande industrie dans la situation nécessaire au développement de ses immenses ressources et de ses puissants moyens de production animale et végétale.

La démonstration de cette importante vérité est très facile et cependant cette opinion que nous énonçons ici avec la plus profonde conviction, est encore considérée par le grand nombre, comme une erreur ou une utopie, quoiqu'elle soit justifiée par les faits généraux les plus incontestables éxistant sur notre sol comme sur les sols étrangers, mais surtout en Angleterre et en Belgique.

L'Agriculture anglaise en fournit une preuve irrécusable; car elle était réduite, comme la nôtre, il y a moins de deux siècles, à une production médiocre. Aujourd'hui, notre production générale est en moyenne de 15 à 16 hectolitres de grains à l'hectare. Les anglais, en poursuivant avec la plus grande énergie les améliorations agricoles, obtiennent actuellement, en moyenne, 30 hectolitres de grains à l'hectare et chaque jour ils réalisent de nouveaux progrès.

Or, si nous arrivions à la moyenne de la production anglaise et rien de plus facile, *puisque notre sol et notre climat sont généralement supérieurs*, nous obtiendrions donc le double de nos récoltes moyennes dont l'importance actuelle suffit à notre consommation ordinaire, et nous aurions par conséquent un excédant considérable à la disposition de nos voisins, dont la production est toujours complètement insuffisante à leurs besoins.

Cette situation nouvelle rendrait impossible toute espèce de crise des subsistances et inutile toute importation étrangère de grains sur les marchés français, puisque ceux-ci deviendraient les pourvoyeurs de tous leurs voisins.

Pour atteindre ce but grandiose, il faut nécessairement l'emploi d'un capital suffisant aux améliorations foncières et agricoles, ainsi que les cultivateurs, les propriétaires et l'administration supérieure ont procédé en Angleterre, avec l'appui de nombreuses Banques, dont celles d'Écosse avaient donné l'exemple.

C'est donc par l'organisation du crédit agricole et l'Institution d'une Banque de l'Agriculture que nous pourrons, comme nos voisins, doubler notre production générale, en peu d'années, avec une répartition générale du bien-être et de l'aisance, au lieu de ces calamités périodiques qui viennent flageller nos populations, en répandant partout les privations et les souffrances.

Il ne s'agit donc que d'une simple question de crédit, pour assurer la prospérité de l'agriculture française, comme celle de la France entière; car tout fleurit dans un pays où fleurit l'Agriculture, tout souffre là où souffre l'Agriculture.

CHAPITRE III.

De la nécessité des réserves de grains. — Facilité d'exécution à volonté et sans frais. — Réserve naturelle de quinze millions d'hectolitres de grains. — Plus d'exportations à vil prix, plus d'importations à prix surélevés, métier de dupes. — Plus de crises, plus de ces pertes annuelles de 300 millions de francs. — Simple question de crédit pour de tels résultats.

Dans la situation actuelle de l'Agriculture française, le moyen le plus simple, le plus facile et le plus prompt de remédier à tous les maux causés par la cherté des grains, après les mauvaises récoltes, c'est d'abord de conserver tous les avantages qu'offrent les récoltes abondantes, pour parer au déficit des récoltes mauvaises ou médiocres.

Nous ne devons pas exporter à vil prix notre superflu, pour manquer du nécessaire et le racheter au double : c'est une duperie impardonnable. Les réserves de grains sont donc une nécessité absolue démontrée par le plus simple bon sens pratique, par les conseils les plus ordinaires de la plus commune prévoyance. L'expérience de tous les siècles passés, chez tous les peuples, le démontre et l'affirme de la manière la plus complète. Nous pouvons facilement conserver ainsi dix à quinze millions d'hectolitres de grains, en sus des réserves habituelles, précisément la quantité qui nous fait défaut, après les plus mauvaises récoltes.

Mais de grandes difficultés se sont présentées pour en aborder l'exécution. La conservation d'une masse de denrées susceptibles d'éprouver une prompte détérioration, un capital considérable pour l'achat, des frais énormes de logement, de transport, de manutention, de déchet et de garde, sont autant de difficultés insurmontables qui ont fait reculer les plus hardis défenseurs du système des réserves de grains.

En effet, d'après les calculs de M. de Travanet, 5000 dépôts, pour quinze millions d'hectolitres de grains seulement, exigeraient une dépense annuelle dépassant trente millions de francs, *sans compter le capital nécessaire à l'achat de ces grains, les intérêts annuels et les frais de transport.*

Un publiciste éminent, économiste distingué, recommandait récemment les magasins généraux et les Warants pour remplir le même but; mais ces établissements n'existent pas partout, les plus grandes villes commerçantes ou maritimes sont les seules qui en possèdent; ils sont donc fort loin de pouvoir être utilisés pour les besoins des cultivateurs et des propriétaires de la France entière et lors même qu'il en existerait un nombre très-considérable, ce qui est radicalement impossible, ils seraient soumis à tous les inconvénients indiqués, les frais d'établissement et de transport y mettraient obstacle d'abord et ensuite l'impossibilité de loger, conserver, manipuler convenablement une marchandise si lourde et si encombrante que les grains; car il faut des greniers spéciaux pour loger peu de grains par couches de peu d'épaisseur, la manutention exigée pour la conservation par l'aérage, et contre les charançons et les rongeurs, entraînent des frais trop élevés qui rendent ce moyen inabordable pour tous autres que quelques spéculateurs des grandes villes et encore pour des quantités insignifiantes, comparativement à la masse énorme des récoltes existantes chez les cultivateurs et les propriétaires si nombreux, disséminés sur la surface entière de la France.

Les silos de toute nature, préconisés cependant, ne peuvent être employés; l'humidité du sol et d'un climat variable et les frais détablissement, les rendent impossibles sur une grande échelle. D'un autre côté, les graves inconvénients et les dangers que présenteront toujours les dépôts publics de grains, quelque soit leur nom, ne permettront pas de songer un seul instant à ces modes de réserves : magasins généraux, silos ou tous autres projets analogues qui centraliseraient entre les mains de l'administration supérieure ou municipale ou générale ou spéciale, la responsabilité qui en résulte, en certains cas, aux yeux des populations.

L'État ne doit, en aucun cas, intervenir ou s'immiscer dans la direction du cours des grains ou autres denrées alimentaires, sur les marchés; son rôle doit se borner à faciliter et assurer la libre circulation des approvisionnements; la loi de 1861, sur la liberté du commerce des grains, a fait à cet égard, tout ce que l'on peut demander à l'administration supérieure, lorsque toutes les autres mesures indispensables auront été appliquées, dans l'intérêt public.

Le Gouvernement doit nécessairement intervenir pour compléter les mesures conservatoires indispensables à l'alimentation générale des populations; la situation actuelle du pays lui en fait un devoir rigoureux de la plus grande urgence.

Un seul moyen d'exécution de ces réserves de grains est à l'abri de tous les inconvénients signalés, il serait le résultat naturel de l'organisation du crédit agricole; ce ne serait pas une innovation, mais la simple extension, dans l'intérêt public, de l'usage général suivi par tous les fermiers qui possèdent un capital d'exploitation suffisant, pour faire face à toutes leurs dépenses, sans être forcés de vendre leurs récoltes à tout prix, aussitôt qu'ils peuvent en disposer, comme par tous les propriétaires aisés qui ne sont pas pressés de réaliser leurs revenus dans des conditions défavorables ou intempestives.

Tous les cultivateurs et les propriétaires aisés ou riches conservent leurs grains, lorsque les cours sont avilis au-delà de toute proportion avec les frais de revient. Plusieurs millions d'hectolitres sont ainsi conservés et forment une réserve tout naturellement, pour les besoins de la consommation générale, mais cette réserve est insuffisante, parce que les cultivateurs, les fermiers et les propriétaires peu aisés et gênés sont en grande majorité, et forcés de battre monnaie avec leurs grains portés aux marchés aussitôt après la récolte, quelqu'en soit le prix, uniquement faute du capital nécessaire aux besoins qu'ils doivent satisfaire.

Cette situation anormale de la grande industrie agricole française privée de capitaux et de crédit spécial, met donc obstacle à l'extension de ces réserves indispensables, tandis qu'avec l'institution d'une Banque de l'agriculture, ces réserves s'établiront naturellement. C'est donc le moyen le plus pratique, le plus usuel même, de les voir s'établir, puisqu'elles existent déjà partout d'un bout de la France à l'autre, à la grande satisfaction de tout le monde, avec les plus grands avantages, sans le moindre inconvénient en aucun genre.

Il en est de même des approvisionnements de toutes les espèces de denrées alimentaires ou autres, c'est l'intérêt particulier de chacun qui est le régulateur général pour l'établissement de ces réserves, sans aucune intervention de l'administration. Elles recevraient seulement l'extension nécessaire aux besoins généraux que le défaut de capitaux suffisants n'a pas permis jusqu'ici d'atteindre. Aucune mesure ne serait plus facile et plus populaire, car elle est réclamée de toutes parts par les producteurs et par les consommateurs, c'est-à-dire par tout le monde, avec cet instinct des masses toujours en garde contre les abus de la spéculation.

Ces réserves naturelles pourraient suffire à toutes les éventualités, elles ne pourraient dépasser les besoins ordinaires de la consommation; car aussitôt les cours des grains s'élèveraient et feraient un appel immédiat sur tous les marchés, à tous les excédants disponibles.

C'est ainsi que les cours seraient maintenus à un taux moyen suffisant aux producteurs et avantageux aux consommateurs, exempt des variations extrêmes soit en hausse soit en baisse et que les disettes factices ou réelles seraient prévenues indirectement, par l'intérêt particulier, dans l'intérêt général, pour éviter toutes les perturbations et les souffrances dont les populations ont supporté les conséquences depuis si longtemps, en remédiant à tous les inconvénients si graves d'une exportation excessive par la voie du commerce.

Du reste un libre essor serait laissé à toutes les transactions ordinaires des marchés, puisque les producteurs ordinaires continueraient à les alimenter à toutes les époques de l'année, avec cette masse si considérable de notre production agricole, après les récoltes abondantes.

Dès lors le prix du pain serait maintenu à un taux moyen convenable à tous les intérêts, et nécessaire à toutes les populations laborieuses.

La question des réserves de grains, si grave, si considérable et si difficile, considérée jusqu'ici comme impossible à résoudre, trouverait donc une facile solution dans l'organisation du crédit agricole et la fondation d'une Banque de l'agriculture, autre question aussi grave, aussi considérable et aussi difficile, considérée encore comme impossible à résoudre par un certain nombre d'hommes spéciaux ou financiers les plus intéressés au maintien du *statu quo*, quoique cependant cette organisation soit extrêmement facile, ne présente aucun inconvénient, à tous les points de vue pratiques et qu'elle assurerait à l'agriculture la plus grande prospérité et à la France la richesse et la grandeur : nous le dirons encore, comme nous n'avons cessé de le dire avec tous les amis du progrès et de notre grande industrie agricole avec lesquels nous avons obtenu des vœux favorables à l'organisation de ce crédit, dès l'année 1847.

On se rappelle les vicissitudes éprouvées par le crédit agricole depuis cette époque déjà éloignée : vingt-deux années se sont écoulées sans aucun résultat ; une tentative d'organisation d'une Banque financière ordinaire, sous le nom de crédit agricole, a retardé la solution de cette grave question au lieu de la favoriser et de l'aider, mais destinée uniquement à servir les intérêts des spéculateurs et des trafiquants des produits agricoles et de quelques riches fermiers, l'agriculture proprement dite, est restée toujours privée de capitaux et de crédit.

Que de pertes et de souffrances auraient été épargnées à nos populations, si dès cette époque le crédit agricole eût été sérieusement organisé, et quelles richesses eussent été assurées à notre agriculture et à la société entière, si la Banque de l'agriculture eût été fondée depuis vingt-deux ans ! c'est par milliards de francs que ces grands résultats eussent pu se compter.

Quelques centaines de millions viennent encore d'être perdus en 1867-1868, par suite de la mauvaise récolte de 1867. Puisse cette expérience être la dernière de ce genre !

L'abondance de la récolte de 1868 pourra assurer de grands avantages, si l'organisation du crédit agricole peut être enfin fondée assez à temps, pour permettre aux réserves de s'opérer et aux travaux agricoles de s'effectuer dans de bonnes conditions pour les années suivantes. Nous pourrions alors compter sur une abondance permanente, en quelque sorte, et sur les immenses bienfaits qu'elle assurerait, en fermant l'ère des chertés de grains, des privations et des souffrances des populations, et en ouvrant enfin celle de la vie à bon marché, depuis si longtemps promise et toujours espérée, quoique toujours déçue comme un beau rêve; mais qui deviendrait alors une réalité; car le seul moyen de l'obtenir est l'organisation rationnelle du crédit agricole.

CHAPITRE IV.

Nécessité du capital et du crédit pour l'agriculture — l'intérêt public, le capital, le crédit et la routine — le système économique de l'Angleterre et l'oubli de Colbert — le pauvre métier de cultivateur sans capital — Appel aux efforts de l'esprit national contre les vieux préjugés de la routine — l'ouvrier sans capital reste un artisan, avec le capital il devient manufacturier — l'ouverture du grand marché national de 40 millions de consommateurs et la prospérité de l'agriculture, de l'industrie et du commerce.

L'Agriculture est une industrie, elle est en France, sans capitaux et sans crédit, c'est notoire, ses développements sont lents et pénibles, ses progrès difficiles dans de nombreuses provinces et impossibles dans d'autres, c'est incontestable; tandis que toutes les autres industries éprouvant les mêmes besoins jouissent d'un crédit spécial organisé depuis longtemps, à l'aide duquel elles ont pu se procurer les capitaux nécessaires à leurs développements les plus considérables avec le concours de l'association.

Pourquoi n'agirait-on pas de la même manière en faveur de l'agriculture, cette première de toutes les industries, la plus considérable et la seule indispensable dans l'intérêt public?

Aucune différence n'existe entre celle-ci et toutes les autres, au point de vue du crédit; toutes sont productives et ont besoin de capitaux, parce que les capitaux servent à commander le travail et à le rétribuer. Sans capital point de travail, point de produit. Or, la récolte obtenue sur les terres cultivées, si nécessaire à la consommation générale, est le produit des travaux d'une année entière; il faut donc nécessairement que les capitaux y pourvoient, dans *l'intérêt public*, et à défaut de capitaux, il faut que le crédit puisse y suppléer, autrement la production générale est compromise, elle peut devenir insuffisante, au point de mettre en danger l'existence même de la société : l'organisation du crédit agricole est donc commandée par l'intérêt public.

Cette organisation serait très facile, si les préjugés et les erreurs d'une routine séculaire n'y mettaient obstacle. « Car la routine conserve comme un dépôt sacré les vieilles « erreurs ; elle s'oppose de toutes ses forces aux améliora- « tions les plus légitimes et les plus évidentes, et il est « bien triste que, sous ce rapport, la France ait donné de « nombreuses preuves de son antipathie du progrès », ainsi que l'a si bien exprimé le prince Louis Napoléon.

Malheureusement les connaissances pratiques de l'agriculture font généralement défaut, en France, à un grand nombre des hommes les plus influents, et les principes mal compris de l'école théorique, d'un autre côté, ont contribué à obscurcir beaucoup de questions en dépit de la pratique éclairée, de l'expérience et des faits généraux existant depuis longtemps.

La partie industrielle du système économique de l'Angleterre est la seule qui, chez nous ait été comprise et appliquée; l'agriculture en a été complètement exclue dans l'origine, lors de son introduction par Colbert, quoiqu'elle soit la base du système anglais et qu'elle ait beaucoup plus d'importance en France par l'étendue du sol cultivable, par sa population rurale plus considérable et par son climat plus favorable; mais notre grande industrie agricole ne représentait alors, aux yeux de tout le monde, qu'un vil métier exercé par de pauvres paysans dans la misère et ne méritait pas l'intérêt des hommes d'état tous à peu près complètement étrangers à l'agriculture.

Cette situation existait encore en partie avant Mathieu de Dombasle, elle s'est améliorée depuis 1820; la petite culture s'est considérablement propagée par les ventes en détail, avec des avantages considérables; les domaines améliorés par un grand nombre de propriétaires et de fermiers riches, ont servi d'exemples et de stimulant, dans tous les cantons; mais sur des points nombreux l'agriculture est encore misérable, parcequ'elle ne peut être encore qu'un pauvre métier, lorsqu'elle est privée de capitaux et de crédit.

Beaucoup d'hommes de notre époque conservent encore une grande partie des préjugés et des erreurs du passé, tant les lumières et l'expérience ont de peine à pénétrer les esprits, pour faire marcher le progrès et imposer les réformes les plus utiles au bien-être des populations et au développement des richesses du pays.

N'y aurait-il donc une large place chez nous, que pour la critique et le dénigrement systématiques, que pour l'esprit de coterie, que pour les influences coalisées des intérêts opposés au développement et à la prospérité de notre agriculture?

Ne devrions-nous pas, dans un véritable esprit national, réunir nos efforts contre toutes les résistances de la routine, afin de les vaincre au nom de l'intérêt public?

C'est dans cette espérance, que pour remplir un devoir, nous avons cru nécessaire de mettre sous les yeux de tous les amis éclairés du pays, les moyens certains de combattre sérieusement les crises des subsistances, afin d'en rendre le retour impossible.

En Angleterre, en Belgique, et dans nos provinces du nord, de l'est et dans un large rayon autour de la capitale, les exploitations rurales, sauf de trop nombreuses exceptions, possèdent généralement un capital de roulement à peu près suffisant, et, par ce motif, elles sontgénéralement productives et ce sont même les plus lucratives; tandis que dans les provinces du midi, du centre et de l'ouest de notre territoire, et partout où manque le capital indispensable, l'agriculture n'est encore actuellement qu'un pauvre métier et ne peut aborder la situation de ces manufactures rurales de grains, viande, graisse, cuir, laine, huile, alcool, etc.

N'en est-il pas de même dans toutes les industries commerciales? L'ouvrier le plus adroit, le plus intelligent, eût-il même un génie supérieur, s'il est privé d'un capital indispensable, n'est-il pas condamné à rester artisan, à travailler de ses mains et à végéter toujours; tandis que s'il peut parvenir à se procurer ce capital, ce moteur universel dont la puissance met tout en activité et développe toutes les industries; il devient aussitôt manufacturier et transforme son métier en une grande industrie, produisant beaucoup et plus économiquement, en distribuant des salaires plus élevés à de nombreux ouvriers et réalisant des bénéfices très supérieurs? C'est là l'histoire de toutes les industries et la situation générale de la richesse publique chez toutes les nations industrielles.

Que le crédit agricole soit enfin organisé, qu'une Banque de l'agriculture française vienne prêter son appui à notre grande industrie agricole; la transformation s'opérera aussitôt, la manufacture rurale s'établira partout, la production doublera et la richesse publique prendra des accroissements considérables sur tout le territoire de l'Empire, en ouvrant enfin à toutes nos industries notre grand marché national de quarante millions de consommateurs, borné actuellement à la seule portion riche ou aisée de cette population, et c'est ainsi que l'organisation du crédit agricole assurera la prospérité générale de l'agriculture, en développant en même temps la richesse de l'industrie et du commerce, suivant les principes du système économique de l'Angleterre, si mal appliqué et peu compris depuis son inauguration en France par Colbert, il y a deux siècles!!!

CHAPITRE V.

Des garanties nécessaires à l'organisation du Crédit agricole — l'évaluation officielle de la production générale agricole brute de 15 milliards de francs, — les grands propriétaires et l'exemple des grandes améliorations foncières et agricoles avec les capitaux indispensables — la puissance du capital et du crédit — la production générale agricole en 1838 de six milliards de francs et en 1862 de dix milliards de francs.

L'organisation du Crédit agricole est facile, avons-nous déjà dit, beaucoup plus facile que celle du crédit commercial, qui néanmoins existe depuis longtemps, quelque imparfaite quelle soit encore, car c'est ce crédit qui a aidé l'industrie et le commerce dans leurs développements et les a fait progresser rapidement, de nos jours seulement, sous la puissance de l'association des capitaux et des intérêts réunis, dans un but plus certain de bénéfices plus considérables, comme on peut le remarquer dans toutes les grandes industries et comme on le verrait immédiatement et plus rapidement encore, dans l'Agriculture, si le Crédit agricole était organisé.

La condition première de l'organisation du Crédit agricole, la base solide de sa fondation, c'est la justification d'une garantie suffisante de ses opérations.

Jusqu'ici cette garantie n'a pu être appréciée, ou du moins n'a pu apparaître assez clairement aux yeux des hommes chargés de provoquer ou de préparer cette organisation; car c'est ainsi que nous pouvons nous expliquer la cause du retard qu'a éprouvé cette organisation, sans qu'il nous ait été donné de pouvoir la comprendre.

En effet, il suffit de considérer l'énorme production générale de notre agriculture et la valeur approximative de ses récoltes annuelles, pour se rendre compte des garanties réelles, incontestables que peut offrir aux capitaux notre grande industrie agricole; ainsi, d'après le discours de S. Ex. le ministre de l'agriculture, prononcé au concours de la Villette en 1868, la dernière évaluation officielle portant la date de 1862, avait atteint *quinze milliards de francs*, dont cinq milliards pour les produits animaux et dix milliards de francs pour les récoltes végétales.

Cette valeur approximative de la production générale de l'agriculture, comprend des produits considérables qui doivent en être retranchés, comme le fait remarquer M. L. de Lavergue, dans son bel ouvrage sur l'économie rurale de l'Angleterre : ainsi le travail des bêtes de trait, la nourriture de tous les animaux de rente et de travail, les litières, fumiers, semences et généralement tout ce qui ne peut être vendu, toutes ces valeurs ne doivent pas figurer dans la production proprement dite, puisqu'elles servent à obtenir les produits de vente; ou bien, en les comprenant comme valeurs, il faut en déduire l'équivalent comme dépense : ce sont des comptes d'ordre qui se balancent dans les écritures et ne peuvent faire éprouver aucun changement sur le résultat définitif.

L'ensemble des évaluations des produits de vente, dégagé des valeurs d'ordre compensées, pourrait être fixé à dix milliards de francs, comme approchant le plus de la réalité; mais nous le réduirons à huit milliards de francs, moins éloigné de l'ancienne production établie avant 1840, quoique évidemment trop faible, mais que nous préférons adopter pour satisfaire les plus difficiles adversaires de l'Agriculture.

La production générale effective sera donc réduite à une valeur approximative de huit milliards de francs, dont trois milliards pour les produits animaux et cinq milliards pour les produits végétaux; soit 160 francs par hectare en moyenne sur 50 millions d'hectares, superficie productive de notre territoire, déduction faite des trois millions d'hectares en routes, chemins, rivières, villes etc.

Nous sommes, sans aucun doute, audessous du chiffre réel de la production constatée par la statistique officielle de 1862, mais nous ne pensons pas nous éloigner beaucoup de la réalité, autant qu'il est possible d'en approcher dans un travail de cette nature, puisque les détails officiels n'ont pas encore été publiés.

Voici les motifs qui ont guidé nos appréciations :

Depuis la publication de la statistique officielle de 1840, les progrès de notre agriculture sont tellement apparents à tous les yeux, d'un bout à l'autre de nos provinces, que les résultats se sont accrus considérablement; car si le progrès à été moins important relativement dans les provinces riches et productives, il a quelquefois centuplé, souvent décuplé sur quelques points et doublé sur un grand nombre d'autres.

Une grande superficie de nos terres incultes et improductives a été défrichée et ces terrains ont donné 20, 30 et jusqu'à 40 hectolitres de grains à l'hectare.

Une partie des terres les moins fertiles ont été plantées en vignes, et se trouvent actuellement en plein rapport.

Une autre a été plantée ou semée en bois, ou convertie en paturages.

La petite culture a obtenu des produits supérieurs presque partout.

Dans les provinces les plus arriérées et les plus pauvres, qui récoltaient à peine pour l'entretien et la nourriture de son personnel et de son bétail, dans chaque exploitation, les chétives récoltes de seigle et de sarrasin, ont été remplacées par des récoltes de blé froment, de pommes de terre et de fourrages qu'on n'avait jamais vues en pleine terre, dans ces pauvres contrées.

Partout le bétail le plus misérable de formes, de taille et de poids, a été transformé, amélioré, doublé de valeur, de qualité et de nombre.

Un grand nombre de propriétaires riches, se sont mis à la tête de grandes exploitations et ont obtenu les plus beaux résultats, après avoir payé leur apprentissage du métier à leurs dépens, ils ont profité de l'expérience chèrement acquise par leurs devanciers et souvent par eux-mêmes.

Les revers qui ont signalé la renaissance de l'agriculture de 1820 à 1840, ont applani la voie, jalonné et assuré la marche, détruit les obstacles et signalé les écueils qui avaient précédemment causé tant de pertes, de désastres, de ruines, et d'effroi dans toutes les familles, au point que partout se répétait, par la bouche des grands parents, cet acte de foi et de contrition : nous avons été élevés dans la crainte de Dieu et de l'agriculture.

C'est là de l'histoire contemporaine, nous avons entendu ces professions de foi si tristes, si décourageantes et si caractéristiques, dans cette longue période de 1820 à 1840, comme tant d'autres ont pu en être témoins.

Nous avons constaté, dans la période de 1840 à 1850, les plus grands efforts de nos producteurs agricoles.

De 1850 à 1860, nous avons assisté à la lutte progressive des améliorations contre la routine séculaire et, depuis 1860, au triomphe complet sur toute la ligne, des résultats de plus en plus généralisés parmi les grands propriétaires.

Depuis lors, les bénéfices obtenus dans les entreprises d'améliorations foncières et agricoles, sur les grands domaines, ont converti toute la grande propriété, à peu d'exceptions près, et tous ceux demeurés jusque là les plus incrédules, les plus récalcitrants et les plus ennemis de l'agriculture ont signé des traités de paix, et bon nombre des grands noms de notre aristocratie territoriale sont inscrits, chaque année, dans les annales de notre grande industrie agricole, parmi les Lauréats des primes d'honneur et des grandes médailles d'or.

L'impulsion générale donnée depuis ces quarante années, sur le terrain, dans tous les cantons ruraux, a considérablement augmenté la production agricole et démontré, d'une manière générale et convaincante, la puissance du capital et du travail dans toutes les exploitations rurales.

De toutes parts aussi ces exemples ont été imités par les fermiers, les métayers, les petits propriétaires cultivateurs, mais dans des proportions moins larges, quoique générales, par suite du défaut général de cette puissance motrice universelle, du capital d'exploitation toujours insuffisant et de l'impossibilité absolue de s'en procurer la moindre partie.

Dans ces conditions partout remarquées sur le terrain, on peut être convaincu que la production générale, a doublé depuis l'époque à laquelle on a procédé à la confection de la statistique officielle de 1840.

M. L. de Lavergue membre de l'Institut, dans son bel ouvrage si instructif et si utile, publié en 1854, sous le titre d'essai sur l'économie rurale de l'Angleterre, cet écrivain judicieux et excellent observateur, estime notre production générale, avant 1848, déduction faite des productions consommées dans les exploitations, à la somme de cinq milliards de francs; comme il suit :

PRODUITS ANIMAUX.

Viande (un milliard de kil. à 80 c.)	800 millions de fr.
Laine, peaux, suifs, abats. . . .	300
Lait (un million de litres à 10). . .	100

Report. . .	1200
Volailles et œufs	200
400,000 chevaux, mulets, ânes de 3 ans	80
Soie, miel, cire et autres produits. .	120
	1600 millions.

Dans cette évaluation ne sont pas compris les élèves des espèces bovine, ovine et porcine qui ne sont pas livrés à la boucherie et dont la valeur est trop importante pour être négligée.

PRODUITS VÉGÉTAUX.

Froment 70 millions d'hectolitres à 16 fr.	1400 millions.
Autres céréales 40 millions à 10 fr. . .	400
Pommes de terre 50 millions d'hecto. à 2 fr.	100
Vin et eau de vie.	500
Lin et chanvre	200
Sucre, garance, tabac, huile, fruits, légumes	500
Bois	250
	3400 millions

L'évaluation des produits Végétaux paraît trop faible, la moyenne du prix des grains sur un grand nombre d'années étant plus élevée.

Ces considérations font porter le total de la production à près de six milliards de francs, avant 1840.

La rente revenant aux propriétaires pour fermages ou produits représentatifs perçus en nature, peut s'élever à deux milliards de francs sur notre production actuelle en moyenne ou

40 francs par hectare sur 50 millions d'hectares au lieu de
30 fr. id. en 1840 ou 1500 millions

Il reste donc un excédant considérable aux producteurs propriétaires, fermiers et métayers pour couvrir les frais de la production annuelle, puisque cette production actuelle sélève à huit milliards de francs au minimun, comme nous l'avons constaté.

En présence de ces chiffres, pour peu qu'on veuille bien y réfléchir, on éprouve un vif intérêt pour les producteurs du pain nécessaire chaque jour, indispensable pendant l'année entière à la subsistance de 40 millions d'hommes, mais on ne peut se défendre d'une profonde afliction, en voyant cette grande et utile industrie encore privée d'un établissement spécial de crédit, destiné à lui fournir les moyens de développer cette production déjà colossale, en secondant des efforts incessants exigés impérieusement par l'intérêt public, pour supprimer les crises alimentaires si dangereuses et si ruineuses.

Plus on réfléchit à cette situation insolite, moins on peut comprendre comment il peut être encore possible, à notre époque de progrès, qu'une aussi grande industrie puisse rester ainsi abandonnée à elle-même et privée d'un appui si nécessaire des capitaux et du crédit si profitables à toutes les autres industries.

On ne remarque pas assez cette situation si différente faite à notre agriculture; on n'y réfléchit pas, car on ne pourrait la comprendre et on se hâterait d'y porter remède.

Que feraient l'industrie et le commerce français, s'ils étaient privés des Banquiers et de la Banque de France? pourraient-ils obtenir les bénéfices qu'ils réalisent?

Non seulement ils seraient dans l'impossibilité de les obtenir, mais encore ils ne pourraient exister. Quelques industriels pourraient atteindre des résultats avantageux, lorsqu'ils posséderaient les capitaux indispensables; mais tous les autres végéteraient ou n'obtiendraient que des produits à peine nécessaires à leur existence. Toutes les manufactures deviendraient des métiers et de pauvres métiers même, si elles étaient privées de capitaux et du crédit sur lesquels repose leur activité, absolument comme l'agriculture dans la position inconcevable qui lui est faite, par l'absence du capital et par l'impossibitité de s'en procurer sans l'aide d'un établissement de crédit organisé.

Cette nécessité du capital et du crédit étant démontrée pour la prospérité de l'agriculture et l'intérêt général, il nous reste à indiquer la forme de l'organisation d'un établissement public, chargé de satisfaire les légitimes espérances de l'immense personnel agricole et des amis éclairés de l'agriculture, en même temps que les besoins de la première et de la plus grande de toutes nos industries.

CHAPITRE VI.

Organisation du crédit agricole et fondation d'une Banque de l'agriculture. — Dégagement des valeurs agricoles. — Les notaires tous en rapport avec les cultivateurs sont les contrôleurs nécessaires et les intermédiaires officiels de la Banque de l'Agriculture. — Différence entre le crédit commercial et le crédit agricole. — Les obligations agricoles garanties par des valeurs considérables et un privilège légal — le crédit à bon marché n'est pas le plus utile, c'est la généralisation du crédit qui est le plus important — la production agricole facilement doublée se répandra en pluie d'or sur la France entière. — Avec le crédit agricole organisé, la France deviendra le grand marché de l'Europe.

L'agriculture française peut donc offrir actuellement au crédit les produits constatés par la statistique officielle de 15 milliards de francs, que nous avons réduits à huit milliards, valeur considérable, réelle et matérielle, pour garantir ses opérations et toutes les avances qui pourraient être faites aux cultivateurs.

Il suffirait de dégager cette valeur énorme de la production générale agricole, pour la rendre apte à assurer la plus solide garantie et faciliter l'organisation d'un établissement spécial de crédit.

Le dégagement de la valeur agricole diffère de celui de la valeur commerciale, celui-ci résulte de la simple déclaration de l'acheteur au profit du vendeur, la marchandise étant l'unique objet du commerce : c'est un crédit purement personnel et moral, sans aucune garantie réelle; cependant elle inspire une confiance au crédit, mais dans des limites bornées et à courts termes, avec l'appoint d'une troisième signature devenue nécessaire pour certifier la valeur des deux autres, puisqu'il n'y a aucun moyen praticable de mettre en évidence la situation exacte et réelle des affaires d'un commerçant.

Le cultivateur, au contraire, est parfaitement connu, sa situation est visible, ses produits animaux et végétaux, ses récoltes annuelles sont au grand jour et peuvent être évalués par tout le monde : c'est la valeur à dégager par un moyen analogue et aussi facile qu'en matière commerciale, mais beaucoup plus certain; car il s'agit ici d'une garantie réelle, positive et matérielle indépendamment de celle personnelle et morale.

Le dégagement des valeurs agricoles peut s'opérer parfaitement par une déclaration détaillée, affirmée et signée par le cultivateur, vérifiée par le garde champêtre et certifiée, contrôlée par un représentant de la banque de l'agriculture.

La peine de stellionat serait encourue par le cultivateur pour toute fausse déclaration, qui d'ailleurs serait très facilement reconnue en passant par la vérification et le contrôle.

Sur la valeur des récoltes et du bétail du cultivateur ainsi constatée et déterminée, la Banque de l'Agriculture serait autorisée à opérer la conversion jusqu'à concurrence du sixième au quart de la totalité des produits au début de ses opérations; en laissant parconséquent une valeur approximative considérable, pour la portion des produits revenant au propriétaire et frappant seulement la portion affectée au crédit par le cultivateur, pour l'avance du sixième au quart de cette part, car ce n'est pas d'une somme considérable dont le cultivateur a besoin pour ses travaux, il ne s'agit que d'une somme en rapport avec sa situation et ses récoltes parfaitement connues et appréciées, et il ne peut y avoir aucune incertitude, aucune erreur sur le dégré de solvabilité d'aucun cultivateur.

Le dégagement d'une valeur effective suffisante pourrait donc s'opérer sur la production générale de huit milliards de francs, pour garantir les avances de la Banque pouvant s'élever dabord à une somme d'un milliard de francs.

La conversion des valeurs agricoles par la Banque, s'opérerait par la délivrance d'obligations agricoles pour le montant des demandes d'avances, pouvant s'élever jusqu'à concurrence du sixième au quart des valeurs agricoles effectives, sous la garantie d'un privilége spécial et légal au profit de la Banque, résultant des dispositions de l'article 2102 du code Napoléon, en faveur des frais faits pour la récolte de l'année et, bien plus, pour sa production et sa conservation, sur les produits de cette récolte et sur ceux du bétail, dans l'intérêt commun du propriétaire et du cultivateur et plus encore *dans l'intérêt public*, pour assurer la production nécessaire à la consommation générale de la population entière.

Cette conversion des valeurs privilégiées en obligations agricoles, leur assure une valeur analogue aux obligations foncières émises par le Crédit foncier de France : Établissement produisant des effets semblables pour la propriété territoriale.

Mais les obligations foncières et Agricoles sont des valeurs de placement et non pas des valeurs de circulation. Le marché des capitaux est déjà chargé d'un grand nombre d'obligations de toute nature, qui ne permettraient à ces nouvelles valeurs de présenter actuellement qu'une utilité secondaire au choix des capitalistes, tandis que le capital fait entièrement défaut dans les départements, par suite d'une circulation inactive et insuffisante : motifs pour lesquels il est nécessaire, pour faciliter les transactions ordinaires, que la valeur du titre et la forme du billet de Banque soient adoptées en concurrence avec les obligations agricoles, parce qu'il faut absolument une valeur de circulation faisant complètement défaut dans les provinces.

La dotation de la Banque de l'Agriculture serait dabord fixée à la somme de deux cents millions de francs, en billets de Banque créés par l'État, sous sa garantie, outre la garantie privilégiée légalement sur les produits annuels de l'agriculture.

Ces billets créés pour cette destination spéciale et exclusive, ne pourraient être employés à aucun autre usage, en aucun cas. Le surplus serait composé d'obligations agricoles à négocier directement comme les obligations foncières, et par l'intermédiaire des Trésoriers payeurs généraux.

Cette dotation primitive serait élevée successivement au fur et à mesure de son emploi par l'agriculture, et il serait à désirer que la multiplicité des conversions de la Banque permît d'atteindre immédiatement un chiffre très élevé pour assurer le plus promptement possible les développements si nécessaires des améliorations foncières et agricoles, seul moyen de rendre les récoltes abondantes et lucratives, d'assurer des réserves toujours suffisantes, en toutes circonstances, et de rendre impossibles ces crises des subsistances si ruineuses et si dangereuses.

La plus grande industrie du pays, dont les produits sont de première nécessité, dépassant la valeur de toutes les autres ensemble, et sans lesquels la Société entière ne pourrait exister, a bien le droit de jouir des bienfaits du crédit, comme le commerce et l'industrie et comme la propriété foncière. Elle peut avoir sa Banque spéciale, recevant, à juste titre, une dotation en monnaie légale, équivalente aux monnaies métalliques, sous la puissante garantie de l'État et de l'Agriculture, pour développer, grandir et assurer la prospérité de ce premier de nos plus grands intérêts nationaux, celui précisément qui est chargé d'assurer la subsistance de la population entière, en même temps que la richesse de la France; car il ne faut pas oublier que cette production actuelle de quinze milliards de francs, serait facilement doublée à l'aide d'un capital suffisant, et qu'alors cette production annuelle de trente milliards de francs se répandrait en pluie d'or sur toute la surface du pays.

Sans ces avances de la Banque agricole, les exploitations rurales resteraient en souffrance et ne pourraient donner une production élevée assurée : la société, les propriétaires et les exploitants y trouveront des avantages immenses dus à l'action de la Banque, sans laquelle tout resterait frappé d'impuissance; cet Établissement aurait donc un droit incontestable sur les produits qu'il aurait contribué à améliorer et à créer.

Les avances de la Banque s'effectueraient dans chaque département et arrondissement, par l'intermédiaire des notaires qui sont établis dans chaque canton rural, au nombre de deux au moins et souvent de quatre ou cinq. Ces fonctionnaires publics sont préférables à tous autres intermédiaires, parce qu'ils sont tous en rapports journanaliers avec les cultivateurs, leurs clients parfaitement connus et possèdent la plupart des titres constatant les droits à la jouissance des terres cultivées et tous les renseignements nécessaires sur la moralité et la solvabilité de chacun.

Le contrôle des notaires seraitdonc parfaitement justifié, présenterait des avantages notables et une véritable garantie, et ils trouveraient bientôt dans l'aisance générale des habitants des champs, des clients en situation d'augmenter la production de leurs Études.

Les titres fournis par la banque de l'agriculture seraient souscrits par les cultivateurs, avec indication et promesse d'emploi, et récépissés constatant l'avance faite par la

Banque avec obligation du remboursement du 1er août au 1er janvier, suivant la région ou immédiatement en cas de saisie des récoltes.

Ces déclarations seraient notariées en double brevet ainsi que les quittances.

L'intérêt annuel des avances fixé à quatre pour cent, se paierait chaque année, mais l'époque du remboursement du principal pourrait être prorogée successivement d'année en année, puisque les travaux et les semailles d'une récolte, sont terminés en grande partie, ou s'effectuent peu de temps après les récoltes qui les précèdent.

Le produit des intérêts servirait dabord à couvrir les frais d'administration de la Banque, dans le cours des premières années, jusqu'à due concurrence. Bientôt le développement des opérations laisserait disponible, au profit de l'État, un revenu annuel de un pour cent du montant des avances faites en Billets de Banque.

Les mêmes frais d'administration mis à la charge des emprunteurs du Crédit foncier, seraient supportés par les emprunteurs à la Banque de l'Agriculture.

Les obligations agricoles porteraient intérêt au taux de quatre pour cent, les plus petites coupures seraient fixées à 200 francs, les autres à 300, 400 et 500 francs.

Ces obligations sont destinées, par la circulation, à établir des relations importantes et de plus en plus actives entre les agriculteurs et les capitalistes des départements. Elles utiliseraient, dans l'intérêt général et particulier, cette partie des capitaux qui restent improductifs par ignorance ou défiance des moyens de les employer fructueusement et solidement.

Les billets de Banque seraient fractionnés en coupures de 25, — 50, — 100, — 200 et 500 francs, pour faciliter toutes les opérations et la circulation générale.

Ce n'est pas tant le crédit à bon marché qu'il importe le plus de chercher à établir, que de généraliser le crédit, de le vulgariser, car c'est l'immense utilité de ce merveilleux moyen d'accroître la prospérité publique et celle de tous et de chacun, qui doit faire provoquer cette organisation rationelle partout où elle peut être appliquée, et ce serait bien le plus immense service à rendre à l'agriculture française et à l'humanité entière.

Nous pouvons prévoir une objection de la part des adversaires du crédit agricole, au sujet du privilége accordé par l'article 2102 du code Napoléon, aux frais faits pour la récolte et pour la conservation de la chose, sur les produits de cette récolte.

On nous dira que ce privilége pourra être exercé aussi par ceux qui ont des créances de cette nature contre les cultivateurs, et que les fournisseurs de semences, les domestiques et ouvriers viendront *en concurrence* exercer leurs droits sur la récolte, et diminueront ainsi la garantie de la Banque.

Sans aucun doute, celà est possible et même probable, dans quelques cas; mais qu'importe s'il existe une garantie réelle et supérieure! il ne peut être douteux que ces droits d'ailleurs peu importants et limités, fussent-ils exercés par ces privilégiés, la valeur de la récolte sera partout plus que suffisante pour acquitter la créance de la Banque.

On peut même être convaincu d'avance que ces privilégiés seront payés plus exactement que précédemment, aussitôt que pourra fonctionner la Banque. Tous les cultivateurs tiendront à se libérer sans retard, pour conserver leur liberté d'action qui, dans le cas contraire est toujours plus ou moins altérée par les retards forcés qui peuvent exister aujourd'hui par l'absence du capital et du crédit, et c'est précisément pour satisfaire les besoins de cette nature que la Banque sera instituée.

Il est donc indifférent que ce privilége soit conservé, il devait exister avant l'organisation d'une Banque de crédit comme il pourra exister après, car il est actuellement le seul moyen de crédit du cultivateur, encore est-il un droit très rarement exercé judiciairement, les cultivateurs se hâtant de battre leurs récoltes et de vendre aussitôt pour se libérer, puisqu'il n'y a pour eux aucun autre moyen de se procurer le moindre capital pour faire face à leurs besoins; situation mauvaise qui exerce une influence perturbatrice sur les cours des grains aussitôt après la récolte, parce que tous voulant vendre à la même époque, les marchés sont encombrés et les offres surabondantes, provoquent une baisse générale qui permet aux étrangers d'acheter à bas prix et d'enlever une grande partie des produits qui pourront faire défaut à la consommation générale, par impossibilité de conserver une réserve de 10 à 15 millions d'hectolitres qui seraient nécessaires pour parer au déficit d'une récolte mauvaise, faute du capital indispensable dans toute situation normale : delà ces crises périodiques qui ruinent les consommateurs et les producteurs et que le crédit agricole fera disparaître, aussitôt que son action tutélaire aura pu répandre ses bienfaits dans toutes les exploitations rurales.

D'ailleurs la garantie de huit milliards de francs peut répondre victorieusement à toutes les objections possibles et avec d'autant plus de force et de conviction, que les avances de la Banque accroîtront nécessairement, chaque année, le montant de cette garantie, l'éléveront à un chiffre qui ne peut être évalué au-dessous de ces avances mêmes. Il y aura donc toujours un gage suffisant pour assurer tous les remboursements possibles, car les bénéfices des cultivateurs s'accroîtront en même temps pour augmenter encore cette garantie. Il ne faut pas oublier que le crédit commercial repose sur des garanties beaucoup moins solides, et que ce crédit existe cependant quoiqu'il entraîne trop souvent des sinistres, malgré toutes les précautions prises, malgré les trois signatures. Jamais le crédit agricole ne présentera autant d'inconvénients puisque ces garanties sont nettes, visibles et matérielles.

On remarquera que la Banque de l'Agriculture ainsi

organisée, s'écarte des bases habituellement adoptées par les Établissements de ce genre, et ne possèdera aucun capital décoré du titre par trop ambitieux de garantie.

Nous ne pouvions accepter un mirage pour une réalité, ni suivre la routine comme un progrès. Le mirage nécessaire au vieux système des banques de circulation exerçant le droit souverain de battre monnaie avec le papier, n'a plus de raison d'être conservé avec la création d'une monnaie légale par l'État, sous la condition expresse d'une émission exclusive par les Établissements publics de crédit institués dans l'intérêt général; parce que la garantie matérielle offerte par l'agriculture et régulièrement convertie en valeurs réelles, effectives et suffisantes, n'a aucun besoin de formes illusoires pour inspirer la confiance.

Nous savons que la Banque de France possède un capital de garantie de 200 millions de francs, *dont 100 et quelques millions seulement sont immobilisés*, mais nous savons aussi que le capital représenté par ses billets en circulation s'élève en ce moment, à 1250 millions et que si cet Établissement fonctionnait dans toute la France, d'une manière normale, comme son titre lui en fait un devoir rigoureux, la circulation de ses billets dépasserait bientôt deux milliards de francs.

Dans la situation actuelle comme dans l'avenir de cette Banque, quel peut être le rôle d'une garantie réelle de cent millions de francs?

C'est donc sur la garantie personnelle et morale des administrateurs de la Banque de France que repose la confiance publique et elle la mérite à juste titre, sous tous les rapports.

La même garantie personnelle et morale sera offerte par la Banque de l'Agriculture, et, en outre, une autre garantie matérielle et effective des valeurs agricoles équivalentes au montant intégral des obligations converties par la Banque agricole. Un capital quelconque affecté à cette garantie n'était donc pas nécessaire, puisque cette valeur agricole représentera toujours une garantie réelle et matérielle que ne possède pas la Banque de France, et qu'en aucun cas il n'existera jamais un capital quelconque inactif dans les caves de la Banque de l'Agriculture, car elle n'en aura pas et n'en aura jamais besoin. Toutes les garanties fantasmagoriques en usage sous l'empire de la routine ne sont pas nécessaires au Crédit agricole, et lors bien même que le montant des billets de la Banque agricole mis en circulation s'éléverait à un milliard de francs et même à deux milliards, ce qui serait très désirable et très utile, la garantie supérieure de l'agriculture et de l'État seraient toujours suffisantes pour satisfaire à toutes les conditions de sécurité les plus complètes.

Des modifications plus ou moins radicales ont été demandées pour faciliter l'établissement du crédit agricole, notamment de quelques dispositions de l'art. 2102 du Code Napoléon concernant le privilège du propriétaire pour le montant de ses fermages.

Nous ne pouvons partager cette opinion qui tendrait à restreindre les garanties du propriétaire. Bien loin de là, nous demandons le maintien de cette loi qui sanctionne des droits légitimes et s'exécute depuis 66 ans; et avec d'autant plus de raison que l'action de la banqne de l'agriculture fera disparaître tous les inconvénients attribués à ces dispositions et fortifiera les droits du propriétaire, en les rendant plus efficaces, au lieu de les affaiblir; puisque les avances de la banque auront pour objet spécial et certain d'assurer l'augmentation des récoltes et d'accroître le gage du propriétaire : raison pour laquelle le privilége accordé à la banque, *dans l'intérêt public*, pour assurer la production, la conservation et l'augmentation de la récolte, doit s'exercer sur cette récolte, par préférence au propriétaire, puisqu'il en obtient les mêmes avantages que le cultivateur, ainsi que le décident les 1er et 3e paragraphes de l'art. 2102 pour les sommes dues pour semences, frais de récolte et de conservation de la chose.

CHAPITRE VII.

Le billet de Banque agricole. — La monnaie légale et l'intérêt général. — La garantie de l'État, de la loi, de l'agriculture et le privilége légal. — Supériorité de cette monnaie légale sur toutes les valeurs.

Les billets de Banque créés par l'État, en vertu d'une loi spéciale et mis en circulation par la Banque de l'Agriculture et par l'intermédiaire indispensable des cultivateurs, sous la garantie de l'État, offriraient une valeur réelle, indépendante, unique, déterminée, invariable et exclusive. Ils possèderaient encore celle de leur emploi spécial strictement limité aux besoins de l'industrie agricole, et à un simple échange contre les valeurs privilégiées qui forment leur garantie matérielle, par l'intermédiaire d'un Établissement public chargé, *dans l'intérêt général*, de la conversion de ces valeurs, sous un contrôle sévère, infaillible et de l'émission des billets de circulation et des obligations agricoles qui les représentent.

« Il faut bien remarquer que le droit de battre monnaie appartient exclusivement à l'État, dans un grand intérêt public et, pour le bien général son intervention est indispensable; le contrôle supérieur de l'État n'est-il pas acquis à tous les grands intérêts de la société? On ne peut se méprendre au caractère général et public de l'organisation du système monétaire unique, central et garanti. La direction du Crédit et de la circulation des valeurs converties, est, au même titre, une fonction éminemment gouvernementale.

« Si la circulation monétaire réclame une garantie absolue et une sécurité indubitable, à plus forte raison l'organisation de la monnaie légale doit émaner de la puissance souveraine, du contrôle gouvernemental et de la garantie de l'État et de la loi, et il est bien évident que ce n'est qu'à l'absence de l'action gouvernementale, que sont dues les difficultés qui ont arrêté si longtemps les développements si nécessaires de notre grande industrie agricole.

« Tous les abus, tous les inconvénients, tous les dangers qui résultent, soit de l'émission libre d'un papier-monnaie, soit du monopole d'une institution prédominante livrée à elle-même, guidée par ses intérêts particuliers avant le service des intérêts généraux; toutes ces anomalies inhérentes à la théorie routinière et surannée qui a dominé jusqu'ici, disparaissent complètement devant l'intervention tutélaire de la loi et de l'État, dans les grands intérêts mis en jeu par la circulation multipliée et universelle des immenses valeurs et des innombrables capitaux qui, chaque jour, sont mis en mouvement par les relations commerciales, industrielles, agricoles, publiques et privées d'une grande nation comme la France.

« La situation des valeurs industrielles dans l'opinion publique, est une preuve évidente qu'une monnaie légale, garantie par l'État, outre la garantie privilégiée des valeurs agricoles, doit obtenir une faveur générale supérieure à celle accordée à ces valeurs, et même aux billets de Banque ordinaires, et une confiance égale à celle dont les espèces métalliques sont en possession.

« La supériorité de la monnaie légale sur toutes les autres valeurs, existe dans la nature même de sa création et de son emploi spécial limité : c'est une valeur publique, créée uniquement pour être échangée contre une valeur réelle, matérielle, privilégiée, devant lui servir de gage constamment par l'intermédiaire d'un grand Établissement spécial public, placé entre l'État et les cultivateurs et chargé d'opérer sa conversion; c'est là le caractère distinctif de cette monnaie, possédant une double garantie, dont ne jouissent pas les billets de Banque ordinaires, ni même les fonds publics de la dette nationale, celle de la valeur agricole et positive formant un gage considérable, outre celle publique de l'État et de la loi.

« Car c'est à l'État qu'il appartient de donner le crédit et non de le recevoir, c'est à lui d'émettre des valeurs de circulation, de la monnaie légale comme de la monnaie d'or et d'argent. L'État et la loi sont les arbitres supérieurs de l'intérêt général, par conséquent l'organisation du Crédit et de la circulation des valeurs agricoles doit appartenir à l'État et s'opérer sous son contrôle immédiat, parce que l'élément financier qui intervient dans ces relations, a le caractère le plus général et concerne les immenses intérêts matériels de la nation, » (le comte Ciewskowsky).

Ces principes formulés par un éminent publiciste, homme d'État distingué, avec une expression si remarquable, un jugement si sûr, une profondeur de vues incontestables, ne pouvaient être mieux placés qu'ici pour faire ressortir l'immense importance du Crédit agricole, ses bases, son mécanisme et ses garanties aux yeux des hommes compétents et dévoués au pays.

La création des billets de Banque par l'État, en vertu d'une loi spéciale, à le même caractère que la fabrication de billets semblables, par la Banque de France, suivant la loi de son institution et dont l'émission actuelle s'élève à la somme de 1,250,000,000 de francs. Il y a entre ces deux valeurs les différences essentielles suivantes :

— Les billets de Banque de l'Agriculture jouiront de la triple garantie de l'État, de l'agriculture et d'un privilége légal et spécial résultant d'une conversion de valeurs matérielles six fois plus considérables; ils assureront, en outre à l'État une recette annuelle de 12,500,000 fr., pour une émission semblable à celle indiquée. Leur usage exclusif concerne l'agriculture, notre plus grand intérêt national, celui d'assurer la subsistance de la population entière, rien que celà.

— Les billets de la Banque de France, simples valeurs fiduciaires de premier ordre, ne lui coûtent rien et ne rapportent rien au trésor; créés sous la garantie personnelle et morale de ses administrateurs, ils ont pour garantie les valeurs commerciales et industrielles échangées. Aucune condition n'a été imposée, dans l'intérêt public, à ce grand Établissement de crédit; après le service de ses intérêts particuliers vient seulement celui des besoins généraux, dans les limites et dans les conditions qui lui conviennent.

Il faut remarquer encore que le ministre des finances est autorisé, pour un service public de même nature, à créer et émettre de véritables billets de Banque sous le nom de Bons du trésor, pour une somme considérable, avec cette différence que l'État n'en retire aucun profit, mais qu'au contraire, il paie l'intérêt de ces sommes comme un simple emprunteur : anomalie inexplicable, puisque cette somme est employée exclusivement à acquitter des dettes de l'État et qu'il serait logique de payer ces dettes en billets de Banque, ou en bons du trésor circulables comme monnaie de l'État, dont la solvabilité vaut certainement un grand nombre de fois celle de la Banque de France, quelque considérable que soit cette dernière.

Mais la preuve évidente, complète et notoire de la confiance due aux billets de Banque, par ce qu'ils la méritent à tous égards, la preuve que ce billet de Banque émis par l'État, dans les conditions indiquées, est une véritable monnaie publique comme toutes les autres ayant cours, cette preuve est fournie par toutes les valeurs de convention, comme les bons du trésor, comme la monnaie de billon, ces sous de cuivre de cinq et de dix centimes qui ne valent réellement que un et deux centimes, valeur intrinsèque, mais qui frappés au seing du souverain, sont mis en circulation comme monnaie de convention d'une valeur de cinq et dix centimes, par la même raison que le billet de banque vaut réellement la somme indiquée pour sa valeur réelle, comme monnaie publique et légale, sans aucune différence avec la monnaie métallique, toutes deux devant être reçues au même titre, pour leur valeur déterminée dans toutes les caisses publiques et privées, comme monnaie de convention; car l'or et l'argent n'ont aucune autre valeur que celle fixée d'abord par une convention suivie d'un usage général, et enfin par une loi qui les a sanctionnés et les a revêtus d'un caractère public invariable et incontestable, au grand avantage de tout le monde. Ainsi convention, usage général et cours légal sont les formes caractéristiques de toute espèce de monnaie établie dans l'intérêt public, pour assurer la facilité des échanges, l'extension de toutes les transactions, la multiplication de toutes les richesses chez tous les peuples civilisés et commerçants; car sans monnaies aucun commerce un peu étendu ne serait possible, le troc, l'échange matériel de produits naturels de même valeur, contre d'autres seraient seuls praticables, de la même manière qu'ils se font encore chez les peuples sauvages.

CHAPITRE VIII.

Le droit public et les finances nationales. — La loi, la justice et l'équité triple base des contrats d'emprunts publics de l'État. — Immenses avantages assurés au pays par l'émission d'une lettre de gage agricole et nationale d'intérêt public.

Quelques esprits timorés faisant cause commune avec les esprits attardés se ralliant à tous les opposants intéressés au maintien de la situation agricole anormale actuelle, rappellent aux souvenirs l'épouvantail des assignats et cherchent à inquiéter l'opinion publique au sujet des valeurs de toute nature : billets de Banque, fonds publics, obligations foncières et agricoles; mais il n'y a rien de semblable à cet égard, car le billet de Banque ordinaire, lui-même, privé de la garantie de l'État, inspire une confiance entière et méritée qui le fait préférer même aux espèces métalliques, quoique la Banque de France ne jouisse d'aucun autre privilége que celui du monopole du droit de créer ces valeurs suivant ses besoins, ses intérêts et le développement de ses opérations de Banque.

Depuis l'époque néfaste à laquelle on fait allusion, le progrès de la civilisation, des lumières et de l'expérience s'est imposé dans l'administration des finances par le gouvernement des États, comme dans l'administration des peuples. La France à eu l'honneur d'inaugurer à la face du monde, par sa conduite et son exemple comme nation, un système financier ayant pour base l'honnêteté et la loyauté dans la direction de ces grands intérêts et, depuis le commencement du siècle, elle a affirmé et soutenu ces principes au travers de plusieurs révolutions en 1814, en 1815, en 1830, en 1848 et en 1851.

Dès lors, le droit public en matière de finances nationales, a été fondé chez nous, en consacrant le respect des conventions, l'entière soumission à la loi, à la justice, à l'équité, dans l'exécution des contrats intéressant la fortune publique : principes sacrés qui jamais ne doivent cesser de diriger les gouvernements des peuples, dans toutes les branches de l'administration, soit vis à vis des nationaux en masse. soit des individus isolés, soit vis-à-vis des étrangers, quels qu'ils soient : telle est la grande loi universelle imposée aujourd'hui à toutes les nations qui se respectent, par la toute puissance de la civilisation moderne, qui a rendu tous les peuples intéressés à l'exécution scrupuleusement loyale et honnête de ces grands principes, et il est à désirer qu'ils soient désormais appliqués d'une manière immuable chez tous les peuples, comme chez nous, par la force des choses et la volonté de tous. L'adoption de notre système métrique et de notre système monétaire est un acheminement vers l'adoption générale de nos principes en matière de finances nationales.

C'est à la haute moralité de ces grands exemples que nous avons su donner, qu'est due la confiance générale accordée aux billets de Banque. La situation actuelle des fonds publics et du trésor national, n'est-elle pas une autre preuve manifeste de cette profonde modification des anciennes erreurs, et les Bubjets de l'État qui jadis n'étaient pas même connus du public, ni des gouvernements, ni même de l'administration financière livrée aux exactions des traitants, ne sont-ils pas la plus complète garantie de la fidélité de l'État à remplir ses engagements avec la régularité et la ponctualité les plus scrupuleuses?

Une preuve nouvelle immense et incontestable vient encore d'être fournie à l'appui de cette vérité fondamentale : l'émission d'un emprunt par l'État de 440 millions de francs, a provoqué une souscription publique s'élevant au chiffre incroyable de quinze milliards de francs! capital trente quatre fois plus considérable que celui demandé par l'État. Le seul capital versé immédiatement au trésor, à titre de garantie, s'est élevé à 665 millions de francs! qu'elle force immense, quelles richesses et quelle situation grandiose! (rapport du ministre des finances à l'Empereur, 23 août 1868.)

La situation actuelle des finances nationales françaises, mérite donc la confiance générale, comme les monnaies d'or et d'argent fabriquées sous la garantie et le contrôle de la loi *et les billets de Banque agricole créés par l'État, avec sa garantie formelle en vertu d'une loi spéciale, pour un service d'intérêt public*, seront des valeurs nationales les plus solides qui puissent exister, par ce qu'elles seront complètement indépendantes des finances de l'État et émises par la Banque de l'agriculture, sous la garantie de l'État et sous celle des produits généraux de l'agriculture, en vertu d'une conversion expresse et légale de valeurs réelles et matérielles.

D'un autre côté, l'établissement d'une valeur de circulation, d'une monnaie publique, *d'une lettre de gage agricole et nationale d'intérêt public* devant assurer d'immenses avantages au pays, à l'agriculture, aux cultivateurs, aux propriétaires, à tous les consommateurs et des bénéfices considérables, chaque année, il est préférable, sous tous les rapports, que l'État en recueille tous les avantages, puisqu'il représente le pays tout entier *plutôt que de les laisser exclusivement au monopole de quelque établissement que ce soit.*

Il importe de remarquer que les opérations de la Banque de l'agriculture s'élèveront progessivement à une somme de plus en plus considérable, sous la vive impulsion des immenses résultats constatés chaque année dans la production générale et que bientôt cette production portée au double de celle actuelle, procurerait en même temps des revenus supérieurs pour l'État et pour les propriétaires, en répandant chez les producteurs et les consommateurs le bien être et l'aisance.

La Banque de l'agriculture assurera ces immenses avantages indispensablement et tout naturellement, aussitôt après son institution, en doublant les garanties actuelles, par une production supérieure, sous la puissance du capital et du travail, par les mêmes motifs et les mêmes influences qui ont fait augmenter si considérablement la production industrielle, en lui imprimant un immense mouvement d'activité, sous nos yeux depuis moins de trente ans, au fur et à mesure que les effets du crédit commercial se sont consolidés et développés par la puissance de l'association des capitaux et des intérêts réunis.

L'organisation si importante du crédit agricole ne pouvant être appréciée à sa valeur par tout le monde et pouvant laisser dans les esprits des doutes, des craintes que font naître toujours les améliorations nouvelles, lorsque surtout elles ont été critiquées, calomniées par ceux qui exploitent les inconvénients et les abus que ces améliorations ont précisément pour but de combattre et de détruire. Il nous a paru nécessaire de compléter les explications, les renseignements que nous avons donnés par l'exposé des principales objections dirigées par les opposants intéressés contre l'agriculture elle-même et contre le crédit spécial qui lui est indispensable.

Nos lecteurs apprécieront la bonne foi des uns, l'erreur, l'intérêt ou l'égoisme des autres.

Ces objections seront suivies de quelques réfutations et nous espérons que chacun pourra les compléter facilement après avoir lu cet ouvrage et que tous deviendront les défenseurs des principes que nous avons développés et que, convaincus comme nous-mêmes, ils voudront bien réunir leurs efforts pour en assurer le succès.

CHAPITRE IX.

L'agriculture peut-elle restituer les avances qui lui seraient faites par le crédit organisé? — L'art. 634 du code de commerce. — Les cultivateurs commerçants et les faillites agricoles. - Les opérations d'une Banque agricole et les escomptes d'une Banque commerciale. — La garantie des valeurs commerciales repose sur des présomptions et les obligations agricoles sont garanties par des valeurs réelles et matérielles.

L'Agriculture, a-t-on dit, est dans l'impossibilité de rembourser, à jour fixe et à courts termes, les avances faites par un établissement public ; l'organisation d'une Banque de crédit spécial doit donc être ajournée indéfiniment.

Il semblerait résulter de cette objection une preuve de l'impuissance radicale de l'agriculture de restituer les prêts qui pourraient lui être faits.

Mais s'il en était ainsi, nous n'y verrions, — nous — au contraire, qu'une preuve de plus de ses anciennes et nombreuses souffrances et ce serait — pour nous — un motif encore plus impérieux de lui venir en aide; car — à notre avis — il y aurait absurdité et folie, même, d'attendre la ruine entière de notre grande industrie agricole, pour chercher un moyen de l'arrêter sur le bord de l'abîme et lorsqu'il s'agit de la majeure partie des cultivateurs, des producteurs de la matière première indispensable à la subsistance générale, dans plus de la moitié de la France agricole, ce n'est pas d'un mince intérêt pour la société dont il s'agit.

Mais d'abord cette fin de non recevoir n'est aucunement justifiée par les faits généraux, bien au contraire, cette prétendue impuissance peut être attribuée avec vérité au Crédit foncier, pour ses prêts à la propriété foncière, parce que des sommes considérables peuvent être absorbées par les grandes améliorations foncières qui s'incorporent aux immeubles, sans qu'il soit possible de les restituer à courts termes, mais en produisant des revenus supérieurs qui permettent un remboursement par annuités à longues échéances, ou un remboursement intégral sur le prix de vente des Biens-fonds.

Remarquons, en passant, que les opérations du Crédit foncier reposent principalement sur des avances à longs termes et que ces échéances prolongées jusqu'à cinquante années, ne font pas obstacle à l'action normale et régulière du mécanisme du Crédit; pourquoi n'en serait-il pas de même pour le Crédit agricole, puisqu'il y a une analogie complète entre leurs opérations, leurs actions, leurs gages, leurs engagements, leurs conversions, leurs émissions et les restitutions qui doivent s'en suivre après les prêts?

L'argument si formidable n'a donc point de fondement réel, il prouve seulement que parmi les adversaires du Crédit agricole, il se trouve des hommes qui n'ont pas une connaissance exacte des opérations sur lesquelles ils veulent baser leurs raisonnements, ou que leurs objections ne sont pas sérieuses, si toutefois elles sont faites de bonne foi.

Mais revenons au Crédit agricole si mal apprécié et si calomnié, car il n'est aucunement responsable des accusations dirigées contre lui, avec tant de mauvais vouloir, de préventions et d'injustice ; il ne s'agit à son égard que d'avances modérées et destinées à suppléer à l'insuffisance du capital d'exploitation et de roulement annuel, pour faciliter l'exécution des travaux et assurer la production d'une récolte la plus abondante possible.

Ces avances proportionnées à l'importance des travaux effectués et de la récolte à obtenir, seraient remboursées sur une partie de cette même récolte appartenant à l'emprunteur, l'autre portion devant servir au paiement des fermages revenant au propriétaire, l'excédant représentant les autres frais de la production et, s'il y a lieu, le bénéfice du cultivateur.

Le remboursement des prêts est donc largement garanti et assuré, comme nous l'avons déjà démontré, le délai accordé pour le remboursement est circonscrit par le courant de l'année agricole, la récolte fournit le moyen certain de l'effectuer, à moins qu'il ne convienne aux deux parties intéressées, le prêteur et l'emprunteur, de proroger l'échéance du prêt pour une nouvelle année, de nouveaux travaux et une nouvelle récolte à obtenir, comme il arrivera le plus souvent après le paiement des intérêts échus, le nouveau dégagement à opérer de la valeur agricole de la nouvelle récolte et la nouvelle conversion du gage à effectuer, puisque les besoins de capitaux se manifestent périodiquement aux mêmes époques, pour les mêmes travaux, les mêmes dépenses, afin d'obtenir les mêmes produits, les mêmes récoltes, en permettant par conséquent d'assurer le roulement, la circulation des capitaux d'une manière normale et régulière, en rapport parfait avec le but de l'Institution, jusqu'à ce que les bénéfices obtenus par les effets du Crédit, ayant produit tous leurs résultats naturels, pendant un certain nombre d'années, par des avances successives et suffisantes, alors les récoltes devenues plus assurées et plus abondantes, et surtout plus lucratives, nos cultivateurs enrichis, au lieu d'avoir constamment besoin du Crédit, pourraient n'y recourir que rarement, pour certaines opérations et n'auraient plus recours à la Banque, si ce n'est pour les dépôts qu'ils auraient à y faire ; ainsi qu'on le voit pratiquer actuellement en Écosse, depuis la transformation des Banques de prêts primitivement établies.

Il ne faut donc pas confondre les opérations d'une Banque de l'agriculture avec celles des escomptes d'une Banque purement commerciale, il n'y a rien de semblable entre elles : vouloir assimiler les unes aux autres, c'est se tromper complètement et poursuivre une chimère.

Si le commerce et l'industrie ne peuvent inspirer qu'une confiance limitée et très précaire, parce que leurs opérations et leurs situations ne présentent aucune certitude, aucune garantie positive et seulement des présomptions ; on doit nécessairement restreindre la durée du prêt et opérer à courts termes pour limiter les risques ; lorsque d'ailleurs les ventes du commerce et des industries commerciales se règlent aussi avec les mêmes délais ; tandis qu'en agriculture c'est tout le contraire : les opérations et la situation de tous les exploitants se manifestent à tous les yeux, au grand soleil et présentent des garanties réelles, matérielles incontestables, les ventes s'effectuent moins souvent, il est vrai, mais à des époques successives, *après les récoltes* seulement, sans les produits du bétail et toujours au comptant. Les prêts faits à l'agriculture peuvent donc et doivent nécessairement avoir lieu à plus longues échéances sans aucune espèce d'inconvénient et avec d'autant plus de raison qu'ils sont garantis par un privilége légal.

Pour apprécier facilement les arguments dirigés contre le Crédit agricole, avec plus ou moins de bonne foi et de connaissances spéciales, il est indispensable de rapprocher de l'objection à laquelle nous venons d'opposer une réfutation que nous croyons complète, les prétentions nouvelles des adversaires du Crédit agricole et de leurs adhérents intéressés, et il faut bien remarquer les motifs de cette objection fondés sur l'impossibilité pour l'agriculture du remboursement des avances du Crédit *à jours fixes et à courts termes.*

Les adversaires du Crédit agricole ont eu jusqu'ici toute facilité pour maintenir la routine, cependant, sous la pression de l'opinion publique la création d'un établissement de Crédit agricole fût décidée en 1860; mais il n'en résulta qu'une *simple Banque ordinaire d'escompte* au service des intermédiaires spéculant sur les produits de l'agriculture et de quelques riches fermiers; ainsi que l'a déclaré son Gouverneur dans une séance du Corps Législatif, en 1866. Le nom seul de cet établissement a quelques rapports avec l'agriculture.

Aujourd'hui encore on paraît vouloir reprendre cette création avortée au point de vue agricole, mais fonctionnant parfaitement au point de vue commercial et financier : on s'occupe, dit-on, des moyens d'améliorer la situation de l'agriculture comme si cette grande industrie spéciale était une simple branche de l'industrie commerciale.

On conçoit parfaitement que tous les hommes qui n'ont pas de connaissances sérieuses en agriculture, ne pouvant comprendre, ni expliquer les besoins de cette grande industrie, doivent trouver plus commode de lui faire l'honneur de l'admettre parmi les industries commerciales. A leurs yeux c'est élever un pauvre métier à la hauteur d'une petite industrie commerciale digne de quelque intérêt et pouvant être admise à l'honneur de l'escompte, sous la garantie des trois signatures.

On parle vaguement d'une modification de l'article 634 du code de commerce, qui *permettrait de rendre les cultivateurs justiciables des tribunaux de commerce.*

Il est facile de se rendre compte d'avance des immenses et désastreux résultats de cette transformation radicale, si jamais elle pouvait être adoptée, ce qu'à Dieu ne plaise! car elle exposerait les cultivateurs à des poursuites rigoureuses et sommaires, suivies des faillites et des ruines qui en résultent, en mettant beaucoup d'exploitations en interdit.

Si cette tentative audacieuse réussissait, on peut être certain qu'elle causerait un immense désastre à la plus grande de nos industries, à celle qui est chargée d'assurer la subsistance générale de la population entière.

Ce n'est pas ainsi qu'on peut suivre les enseignements du progrès, bien au contraire ; nous reculerions bien loin en arrière des principes proclamés et suivis depuis l'émancipation du commerce et de l'industrie, et particulièrement par le decret loi du 22 Sept. - 6 octobre 1791, reconnaissant l'utilité publique du métier de cultivateur et protégeant, dans ce but le libre exercice de son travail dans les termes suivants :

§ III. Art. 1er. — Nul agent de l'Agriculture employé avec des bestiaux au labourage ou à quelque travail que ce soit, occupé à la garde des troupeaux, ne pourra être arrêté, sinon pour crime, avant qu'il ait été pourvu à la sureté desdits animaux et sous la responsabilité de ceux qui auront exercé l'arrestation.

Art. 2. — Aucun engrais, ni ustensiles, ni autre meuble utile à l'exploitation des terres et aucuns bestiaux servant au labourage ne pourront être saisis, ni vendus pour contributions publiques, et ils ne pourront l'être pour aucune cause de dettes, si ce n'est au profit de la personne qui aura fourni lesdits effets ou bestiaux, ou pour l'acquittement de la créance du propriétaire en vers son fermier et ce seront toujours les derniers objets saisis en cas d'insuffisance d'autres objets mobiliers.

§ V. Art. 1er. — La municipalité pourvoiera à faire serrer la récolte d'un cultivateur absent, infirme ou accidentellement hors d'état de la faire lui-même et qui réclamera ce secours; elle aura soin que cet acte de fraternité et de protection de la loi, soit exécuté aux moindres frais, les avances seront payées sur la récolte du cultivateur.

Décret du 2-17 mars 1791, les cultivateurs sont exempts de la patente.

Voilà des dispositions tutélaires en faveur de l'agriculture et qui sont bien différentes de celles dont nous venons de parler.

Car il ne faut pas qu'on l'ignore, une modification de l'art. 634 du code de commerce détruirait les garanties assurées aux cultivateurs, comme à tous les citoyens non-commerçants par le code Napoléon de 1804; les cultivateurs en seraient dépouillés, en faisant violence aux habitudes de l'agriculture, en méconnaissant les nécessités de la première et de la plus grande de toutes nos industries, dont les produits ont une valeur supérieure à celle des produits de toutes les autres industries ensemble, quoiqu'elle soit encore privée de Capitaux et de Crédit.

En agissant ainsi, on prendrait les effets pour la cause; on commettrait une erreur désastreuse, une faute immense qui ruinerait l'agriculture, au lieu de la protéger, et entraînerait du même coup la ruine des cultivateurs et des propriétaires, dans une foule de circonstances, d'où résulterait infailliblement la ruine de nos provinces les moins riches, précisément celles contre lesquelles on croit avoir besoin de moyens coercitifs, pour y introduire la ponctualité des paiements aux échéances; comme s'il s'agissait de la simple volonté des cultivateurs et de les forcer à vider leurs bourses pleines pour s'acquitter ponctuellement à une échéance déterminée et courte, de trois mois au plus, lorsque leurs rentrées ne peuvent s'effectuer qu'après la récolte fixée par la nature elle-même, quelle que soit l'échéance de leurs obligations.

Ainsi, on peut voir parfaitement le plan des adversaires du Crédit agricole; ce n'est pas à l'agriculture que l'on pense devoir accorder un Établissement de Crédit en rapport avec ses besoins, sa situation, ses nécessités, ses garanties spéciales si considérables, ses productions déterminées par les conditions de son existence-même, toutes choses qui doivent nécessairement, indispensablement, s'imposer aux améliorations et diriger les conditions d'un établissement spécial de Crédit exigé par les considérations les plus puissantes, en faveur du plus grand de nos intérêts nationaux.

C'est l'organisation commerciale dont il faudrait suivre les convenances, les allures sans tenir compte des conditions entièrement opposées dans lesquelles se trouve placée l'agriculture.

Il faudrait que l'agriculture adoptât les principes, les exigences, les conditions et les usages du commerce et du Crédit commercial et que cette grande industrie entrât, bon gré, mal gré, dans la catégorie des industries commerciales, pour la faire jouir des bienfaits du crédit; et c'est à ce prix que le Crédit commercial voudrait bien lui octroyer une partie des ses capitaux dont il n'a aucun emploi.

Nous ne pensons pas qu'une expérience de cette nature soit nécessaire, pour démontrer l'impossibilité d'une exécution semblable et l'inanité d'une tentative de ce genre. Ce serait vouloir décréter un miracle qui n'est plus de notre temps. L'agriculture ne peut payer qu'avec ses produits principaux provenant d'une récolte dont la maturation fixe l'époque invariable de Juillet à Octobre. C'est la température de l'année, la nature elle-même, qui détermine cette époque. Il ne dépend pas des cultivateurs de changer les habitudes de la nature qui se manifestent depuis la création du monde; par conséquent ce serait bien vainement que le Crédit commercial prétendrait vouloir modifier ces conditions, les cultivateurs ne pourraient ni plus ni moins, battre monnaie avant l'époque ordinaire et ce n'est pas le Crédit commercial et ses conditions, qui jamais pourront satisfaire les besoins de l'agriculture.

Nous n'entendons parler ici que des besoins généraux de l'agriculture, sans considérer les opérations particulières concernant l'engraissement du bétail à cornes et à laine, les distilleries, les sucreries et autres branches accessoires qui présentent des situations exceptionnelles dans les provinces les plus productives et les plus riches.

Notre grande industrie agricole peut bien avoir le droit d'offrir aux capitaux un emploi satisfaisant, solide, utile et lucratif, mieux encore que le Crédit commercial, puisque l'importance de ses produits annuels dépasse même de beaucoup celle des produits de toutes les autres industries ensemble, avec plus de sécurité, de solidité, et en outre *dans l'intérêt public*, pour assurer la subsistance de la population entière, pour servir le pain quotidien sur toutes les tables riches et pauvres, sans que rien au monde ait pu le remplacer jusqu'ici, d'une manière convenable et générale, ce n'est pas seulement le pain, mais encore la viande de bœuf, de veau, de mouton, de porc, la volaille, les œufs, le lait, le beurre, le sucre, l'huile, la soie, le vin, l'eau de vie, le cuir, la laine, etc, etc, etc.

Nous devons espérer que cette élucubration financière anti-agricole, avortera avant de naître et qu'il n'en sera plus question. Nous avons peine à croire que ce projet ait quelque côté sérieux; s'il a existé comme le bruit en a couru, il a dû être abandonné; nous le désirons vivement pour l'agriculture, comme pour les promoteurs de cette pauvre et malheureuse idée, aussi bien que dans l'intérêt de l'administration.

CHAPITRE X.

L'agriculture doit-elle être aidée seulement par les propriétaires? — l'intérêt public exige le concours de l'État, pour assurer, par l'organisation du Crédit, la prospérité de notre plus grande industrie, et la richesse de la France.

Le soin de mettre les cultivateurs en situation d'exploiter le sol, dans les meilleures conditions, doit regarder les propriétaires; ils sont intéressés à aider leurs fermiers et surtout leurs métayers. C'est même une charge de la propriété d'accord avec ses intérêts.

Telle est l'opinion soutenue par un certain nombre d'économistes et nous comprenons facilement l'expression de ce principe théorique, par les hommes étrangers à l'agriculture. Il parait exact et logique, au premier aperçu; mais il vient à l'appui précisément des dangers que nous avons signalés et doit prémunir contre l'adoption des arguments de la science pure, au point de vue d'une application sans examen spécial et raisonné sur le terrain de la pratique.

Avant de prendre au sérieux cette opinion, nous ne pouvons qu'engager les théoriciens à faire leur tour de France et à pénétrer dans les fermes et les métairies. C'est alors seulement que leurs conseils pourraient être étudiés et appliqués; car ils modifieraient certainement leurs opinions professées aujourd'hui et ils adopteraient, nous en avons l'intime conviction, l'opinion que nous allons émettre à ce sujet et deviendraient, dès lors, les plus ardents défenseurs de la fondation d'une Banque de l'agriculture, base de l'organisation du véritable et indispensable Crédit agricole.

Cette opinion purement théorique, exprimée en tête de ce chapitre, pourrait être fondée jusqu'à un certain point, et s'appliquer à la grande propriété et aux riches propriétaires; mais ils forment chez nous une exception, par conséquent cet argument manque d'exactitude, presque dans tous les cas, puisque le grand nombre des possesseurs du sol appartient à la moyenne et à la petite propriété, d'ailleurs, la gêne permanente de notre agriculture et de notre population agricole, ne prouve-t-elle pas qu'elle n'est pas aidée et qu'elle ne peut l'être efficacement, en la laissant livrée à elle-même et à ses propres ressources partout insuffisantes?

Cette situation n'est-elle pas celle qui s'est perpétuée chez nous depuis des siècles, au grand dommage du pays et de sa population rurale? c'est précisément ce qu'il s'agit de modifier pour détruire la cause de ces crises des subsistances, si ruineuses et si nuisibles à toutes nos populations. *That is the question.*

Un immense intérêt national est donc attaché à la bonne exploitation du sol, la production de la subsistance générale intéresse la société entière, car son existence en dépend.

C'est par ces graves motifs que la fondation d'un établissement national de crédit est indispensable, pour élever l'agriculture au même rang que toutes les autres industries depuis longtemps en possession des Établissements de crédit publics et privés nécessaires à leurs développements, à leur prospérité et à la richesse du pays.

Rappelons que toutes les industries ne sont pas d'absolue nécessité pour l'existence d'une société et que l'agriculture est la seule industrie chargée de produire le pain indispensable chaque jour à la population entière, ce qu'on oublie constamment, quoique les mauvaises récoltes viennent trop souvent imposer des pertes énormes qui seraient complètement évitées, s'il existait une Banque de l'agriculture, comme nous l'avons démontré.

CHAPITRE XI.

Les biens-fonds ne rapportant que deux ou trois pour cent et l'intérêt des capitaux prêtés et les frais dépassant le taux de cinq pour cent, comment l'agriculture pourrait-elle emprunter et rembourser les avances faites par le Crédit?

Sans aucun doute l'intérêt des capitaux empruntés et le montant des frais doivent dépasser cinq pour cent; mais est-il bien sûr que le produit des biens-fonds soit seulement de deux ou trois pour cent, et que l'agriculture ne puisse rembourser les avances qui lui seraient faites par le Crédit.

C'est là un argument que l'on entend répéter souvent, parmi les personnes étrangères à l'agriculture, manquant d'instruction agricole et ne connaissant pas les principes généraux de la théorie et de la pratique agricoles; car ce n'est rien moins qu'une grosse hérésie agricole et une pure calomnie lancée contre l'agriculture; mais sans aucune portée près des hommes compétents, malheureusement ceux-ci forment le plus petit nombre.

La rente des biens ruraux payée généralement aux propriétaires, est bien réellement de deux à trois pour cent en moyenne. C'est le taux ordinaire des fermages, même dans les pays riches; ce taux est ainsi fixé par celui de l'intérêt des capitaux. Il s'est ainsi maintenu, parce qu'il présente une sécurité plus grande, par sa nature foncière et invariable, que tous les placements industriels, commerciaux ou nationaux, dont les revenus sont plus élevés, en raison des chances aléatoires qu'ils peuvent présenter.

Mais il y a une différence considérable entre la rente payée au propriétaire et les produits de la terre obtenus par les travaux du cultivateur, ceux-ci sont toujours en rapport avec le capital employé dans l'exploitation et la culture. S'il est suffisant et bien employé, la production pourra s'élever à 10, à 20 pour cent et même beaucoup au-dessus, tandis que si le capital fait défaut, le cultivateur pourra être en perte.

Car les récoltes sont toujours proportionnelles aux travaux effectués, aux fumures appliquées, aux soins apportés aux récoltes avec plus ou moins de convenance, d'abondance, de qualité et de célérité dans le travail.

Si le capital fait défaut, ces récoltes peuvent à peine s'élever, en moyenne, à 8 ou 10 hectolitres de grains à l'hectare, donnant de faibles revenus sur de nombreuses exploitations et peu ou point de bénéfices.

Si, au contraire, le capital est suffisant et bien employé, alors les mêmes terres peuvent assurer une récolte moyenne de 20 à 30 hectolitres, des revenus supérieurs et des bénéfices élevés pour le cultivateur.

Il importe donc de ne négliger aucun moyen d'assurer une production abondante qui diminue le prix de revient et permette de vendre à bas prix et avec bénéfice les grains nécessaires à la consommation générale; tandis qu'au contraire, le producteur sera en perte, même en vendant à un prix plus élevé si la récolte est médiocre.

Il y a donc nécessité absolue d'obtenir des récoltes abondantes, mais à la condition de disposer du capital indispensable pour les réaliser. Le propriétaire a le même intérêt que le cultivateur, puisque les fermages sont plus assurés et mieux garantis; mais, en outre, l'intérêt public exige que le capital nécessaire soit fourni au producteur, pour obtenir les récoltes indispensables à la consommation générale.

Tous les arguments opposés à l'organisation du crédit agricole sont nombreux et paraissent avoir une certaine force aux yeux de ceux qui les formulent, quoiqu'ils ne soient pas fondés, parce qu'ils reposent sur des bases fausses ou erronées, comme on a pu s'en convaincre par nos observations reposant toutes sur des faits généraux inattaquables.

Cependant on doit constater qu'il se rencontre des adversaires du crédit agricole, jusque dans les rangs des propriétaires qui, par situation, sont, au contraire, les plus intéressés à soutenir la nécessité de cette organisation, dont ils seraient les premiers à en retirer les plus grands avantages. On en voit même qui sont convaincus que cette organisation leur serait nuisible, tandis qu'en aucun cas ils ne pourraient en souffrir, puisque la fertilisation du sol, la production supérieure et l'abondance ne peuvent qu'enrichir les cultivateurs, sans exception, fournir des garanties supérieures aux propriétaires et des revenus plus élevés : les principes, les détails et les exemples que fournit cet ouvrage, ne peuvent laisser aucun doute dans les esprits, sur l'efficacité générale et absolue du crédit agricole.

Mais, parmi les hommes riches, il y en a beaucoup qui ne comprennent pas les besoins qu'ils n'éprouvent pas eux-mêmes : il y a une foule d'égoïstes de très bonne foi; c'est une des infirmités de notre pauvre nature humaine. L'opinion de Necker, ancien ministre de Louis XVI, dans son ouvrage sur la législation du commerce des grains, est encore d'une complète actualité comme si elle venait d'être formulée dans les circonstances actuelles :

« On voit, dit-il, dans l'intérieur de la société, les di-
« verses classes qui la composent envisager cette question
« d'une manière absolument différente, parce que l'atten-
« tion des hommes dominés par l'habitude est presque

« toujours fixée par leur intérêt apparent ou réel, sans « qu'ils aient la volonté d'être injustes.

« C'est au milieu du choc continuel d'intérêts, de prin- « cipes et d'opinions, que le législateur doit chercher la « vérité. Il doit s'élever, par la pensée, au-dessus des dif- « férents motifs qui remuent la société ; il doit la considé- « rer dans toute son étendue et lier dans la bienfaisance « tous les ordres de citoyens. Il doit surtout être le pro- « tecteur de cette multitude d'hommes qui n'ont pas « d'orateurs pour exprimer leurs plaintes, et dont il faut « étudier les souffrances, parce que leur voix ne s'élève « que dans la détresse. »

C'est par ces mêmes motifs que nous avons fait remarquer que l'intérêt de toutes les populations laborieuses, industrielles et agricoles, dans la grande question du crédit, était le même que celui des cultivateurs et de tous les consommateurs de pain, c'est-à-dire la masse entière de la société elle-même.

Nous devons constater ici que jusqu'à présent la situation de l'agriculture n'a pas préoccupé nos hommes d'État, au point de vue de l'intérêt public, au même degré que l'industrie et le commerce. Car ceux-ci ont été dotés d'un crédit organisé depuis longtemps, et même d'avances directes pour faciliter leurs développements ; il n'en fallait pas davantage pour assurer leur prospérité, tandis que l'agriculture abandonnée était retenue dans la situation routinière où elle est restée forcément, comme nous l'avons déjà dit. Cette situation s'est modifiée cependant, dans le cours des cinquante dernières années, et une foule d'exemples répandus de toutes parts prouvent la puissance du capital et la nécessité du crédit ; mais la force de la routine enracinée dans les esprits fait encore méconnaître la situation actuelle de l'agriculture et les exigences de l'intérêt public. Cependant la lumière se fait tous les jours et nous devons espérer que bientôt elle éclairera tout le monde, même les aveugles.

CHAPITRE XII.

L'instruction agricole doit-elle précéder l'organisation du crédit. — L'école pratique de l'agriculture et la science agricole. — — Les voies ferrées et l'exportation des produits du sol. — La science agricole à l'œuvre sur le terrain. — Le phare à côté des écueils. — Marche ascendante de la pratique raisonnée. — Ligue du bien public contre les crises agricoles. — Les pauvres et ignorants cultivateurs anglais transformés, par le capital et les banques, en riches et savants manufacturiers agricoles. — Opinions d'Arthur Young, Lullin de Château-Vieux et de Royer sur l'agriculture française. — L'agriculture française avec l'appui du crédit organisé sera bientôt sans rivale.

Avant de songer à organiser le crédit nécessaire à l'agriculture, dit-on, il faut répandre l'instruction agricole, puisqu'elle fait généralement défaut aux cultivateurs.

Nous serions de l'avis de l'école théorique, jusqu'à un certain point, s'il s'agissait de faire de fortes avances, sans poids ni mesure, pour forcer les exploitants à entreprendre des travaux inconnus, des améliorations incomprises; mais il ne s'agit de rien de semblable. Les avances qui sont demandées au crédit agricole, à son début, sont celles qui font généralement défaut pour assurer la production nécessaire à la consommation générale et à la prospérité *du métier de cultivateur*. C'est un à-compte sur le capital d'exploitation indispensable à la culture du sol. Elles seront longtemps encore trop minimes, trop insuffisantes pour dépasser les exigences des plus simples, des plus urgentes et des plus faciles améliorations ; et les cultivateurs seraient incapables de les réaliser ! Mais ne sont-ils pas déjà les producteurs de ces récoltes annuelles dont la valeur totale dépasse quinze milliards de francs?

Ce n'est donc pas sérieusement qu'on peut les croire impuissants à élever encore notre production générale, puisqu'elle a doublé depuis moins d'un demi-siècle, par les mains de ces mêmes travailleurs que la science traite si cavalièrement d'ignorants. Nous verrons tout-à-l'heure la science agricole à l'œuvre.

Que l'on donne quelque instruction agricole aux enfants, dans les écoles primaires, ainsi que S. E. le Ministre de l'instruction publique en a fait une obligation aux instituteurs, c'est une excellente mesure.

Que l'on établisse des cours d'agriculture dans les lycées, pour les élèves de ces générations bientôt appelées à prendre part à tous les grands intérêts du pays, c'est encore mieux.

Que ces cours soient professés dans les écoles normales, c'est fort bien.

Mais qu'il faille instruire et les vieux et les jeunes cultivateurs qui tracent leurs sillons et dirigent leurs exploitations, d'un bout de la France à l'autre, avec cette activité et cette intelligence pratique partout remarquées et appréciées, pour semer et récolter la nourriture de tout un peuple de quarante millions d'hommes. Nous ne croyons cette instruction ni nécessaire, ni urgente, ni même praticable.

En effet, cette production ne suit-elle pas constamment la progression de cette immense population, au fur et à mesure qu'elle s'accroît et que le temps marche et s'écoule? C'est cependant ce que l'on oublie complètement, dans l'expression d'une opinion si diamétralement opposée à l'immensité de ce fait gigantesque écrit cependant sur toute la surface du territoire national, sans la moindre exception, dans chacune des trente huit mille communes rurales de France.

Nous ne pouvons voir, dans cette opinion, qu'une utopie de la vaine et fausse science; mais qui ne présente aucune espèce de danger, si ce n'est près des hommes privés d'une certaine expérience des choses agricoles.

Sans aucun doute, les cultivateurs, en général, ont besoin de perfectionner leurs méthodes, d'apprécier mieux les principes raisonnés de la pratique éclairée, d'acquérir des notions plus exactes sur les diverses branches de l'économie agricole, pour une meilleure exploitation du sol. Mais pour y parvenir, il faut d'abord et avant tout, qu'ils soient en mesure de faire les avances nécessaires, indispensables à la production, à l'abondance; sinon, eussent-ils la science infuse, si le capital d'exploitation leur fait défaut, ou s'il est insuffisant, comme on le voit presque partout; ils ne peuvent que végéter, suivre la routine et souffrir dans leurs propres intérêts, comme ils y sont forcés depuis si longtemps par une production médiocre et insuffisante, qui ne peut satisfaire ni leurs besoins, ni ceux de la consommation générale, en toutes circonstances.

Les bons exemples d'améliorations foncières et agricoles existent de toutes parts, dans nos provinces; il n'y a pas un seul canton, en France, qui ne possède actuellement plusieurs exploitations remarquables à plus d'un titre. C'est là la véritable école pratique de l'agriculture et la meilleure, car elle est écrite sur le terrain en caractères ineffaçables, et elle démontre, en même temps, les vrais principes de la théorie appliquée, dont l'un des premiers est précisément la nécessité du capital d'exploitation indispensable au paiement des frais de toute nature, exigés par les travaux de la culture et des récoltes. Hors de là il n'y a que des opinions individuelles trop souvent contestables et contestées, parfois des déductions erronées, d'où résultent des causes de pertes et de ruines. Il y a malheureusement un trop grand nombre de faits et d'exemples de ce genre.

Mais ces exemples, tous donnés par des propriétaires riches ou aisés, ont contribué pour une bonne part à exercer le raisonnement, le jugement, et à former l'expérience des hommes du métier ; et à les prémunir à l'avance contre les dangers des innovations mal étudiées, mal comprises et mal appliquées, par ceux qui n'ont pas été formés à l'école pratique de l'agriculture.

Dans l'état actuel de la science, au point de vue exclusif de l'agriculture, on peut et on doit dire, pour rendre hommage à la vérité et éclairer tous les intéressés, que la science agricole, proprement dite, est encore incomplète et qu'elle ne peut être appliquée sans danger, par tout le personnel agricole.

Il y a des enseignements utiles dans plusieurs parties des diverses et nombreuses sciences, dont l'ensemble composera un jour la théorie agricole, et que les propriétaires et les cultivateurs éclairés et initiés à la pratique, pourront aborder avec prudence et avec profit ; mais pour tous les autres, la science agricole, en son état actuel, pourrait être dangereuse et nuisible.

Depuis vingt ans surtout, des améliorations foncières et agricoles importantes ont été répandues de toutes parts ; la construction des instruments aratoires a fait des progrès remarquables, même parmi les ouvriers des campagnes ; l'application des engrais et des amendements a reçu une grande extension, ainsi que la culture des racines et des fourrages, avec de bons instruments ; le bétail a été amélioré, mieux nourri, mieux soigné, mieux logé. Il en est résulté de très grands avantages dans chaque exploitation rurale, et l'on se rendra compte facilement de l'importance de cette nouvelle situation, en se rappelant le nombre si considérable des fermes, des métairies et des exploitations de toute nature qui couvrent nos communes rurales d'un bout de la France à l'autre.

Les voies ferrées ont facilité l'échange des produits agricoles et répandu plus d'aisance dans toutes les exploitations situées à proximité des lignes exploitées et surtout par l'exportation journalière de tous les petits produits de la basse-cour, de la porcherie, de la vacherie, de la bergerie, des arbres fruitiers, des légumes, et à des prix plus élevés, qui stimulent les producteurs de la grande, de la moyenne et surtout de la petite culture, et ces améliorations considérables, au point de vue général, continuent à s'étendre de plus en plus et à s'accroître au fur et à mesure que se complètent et s'allongent les voies de transport par la vapeur.

Si le progrès n'est pas plus général et ne marche pas plus sûrement et plus rapidement, la faute en est à l'absence du crédit agricole, au défaut de capital. Nous ne formons pas d'autre vœu pour la prospérité de l'agriculture française, pour la richesse et la grandeur de notre belle France, que de voir enfin l'organisation d'une banque de l'agriculture. Ce jour-là sera l'un des plus beaux de notre vie, celui que nous désirons depuis si longtemps et que les vœux des cultivateurs français éclairés n'ont cessé d'appeler à leur aide, de père en fils, surtout depuis le commencement de ce siècle.

Il faut avoir assisté, comme nous, à la renaissance de l'agriculture dans nos campagnes, depuis vingt ans surtout; il faut avoir étudié et suivi sur le terrain les remarquables effets des chemins de fer, ces influences visibles aux yeux de l'observateur attentif, pour se rendre un compte exact de l'importance de ces améliorations dans tous les ménages ruraux, jadis si tristes, si dénués, si parcimonieux et aujourd'hui plus aisés et même heureux comparativement, car la famille profite tous les jours de ces améliorations.

Encore quelques efforts, avec l'appui du capital et du crédit, l'agriculture française deviendra riche et prospère, les crises agricoles disparaîtront, en laissant un triste souvenir et une grande leçon, la plus capable de former l'expérience de nos hommes d'Etat et qu'ils ne pourront et ne devront jamais oublier, car il y a plus de vingt années que cette ère de prospérité et de richesse aurait pu être inaugurée.

Quant à la science agricole proprement dite, ses applications ne se sont pas manifestées publiquement, depuis la grande expérience de l'institut agronomique de Versailles, dont il a été rendu compte dans le *Journal d'Agriculture pratique* de 1852, volume 1er tome IV, 3e série, pages 30 et suivantes.

Nous ne pouvons qu'engager tous les propriétaires et tous les cultivateurs à lire avec attention le compte-rendu officiel de cette grande entreprise agricole, faite à si grands frais, avec tous les moyens qui pouvaient en assurer le succès : Bétail, instruments, cultures, personnel, capital, rien n'y a manqué ; direction, administration, exécution, comptabilité, sous l'organisation, l'impulsion, l'action directe de la science, et tout cela pour entraîner une perte dépassant 70,000 francs, pour la première année seulement, au lieu d'un bénéfice réel obtenu l'année précédente par des fermiers praticiens, précisément par ceux que la science se propose d'instruire et d'éclairer..... C'est un phare élevé près des écueils par la science elle-même, mais dans un but diamétralement opposé à celui qu'elle a manifesté l'intention de faire briller aux yeux de ces cultivateurs qu'elle a traités d'ignorants et de routiniers.

Il sera toujours utile d'étudier avec soin les résultats de cette grande entreprise savante, et d'y réfléchir souvent pour en faire son profit.

La pratique éclairée et raisonnée continue sa marche ascendante, chaque année, parmi les propriétaires surtout, disposant de capitaux suffisants, bien entendu, ainsi que le constatent les distributions des primes d'honneur et des grandes médailles d'or, dans tous les concours régionaux.

Nous faisons des vœux pour voir bientôt s'opérer une transformation de cette excellente institution, qui ne peut s'appliquer avec succès, que parmi les grands propriétaires. L'impulsion générale est donnée, mais il serait utile de diviser ces grandes et riches récompenses, pour les mettre à la portée des simples fermiers et des métayers, dans chacune des régions qui possèdent les trois catégories d'exploitants; le moment est venu d'opérer cette modification : un tiers des récompenses aux propriétaires moins nombreux concourant entre eux; un second tiers destiné aux fermiers exclusivement, et l'autre tiers aux métayers, dans les régions qui en possèdent. Là où il n'en existe pas, moitié des prix aux fermiers, moitié aux propriétaires, dans des concours spéciaux; là sera le progrès, le mobile réel, pour chaque situation respective, et la justice distributive raisonnée, sur des bases convenables et équitables, et là aussi sera l'émulation et le succès (1).

Pour suivre les bons exemples donnés sur le terrain à nos cultivateurs, la première condition, nous le répétons encore, car nous ne saurions trop le redire : c'est de pouvoir disposer des moyens pécuniaires indispensables; il faut nécessairement des instruments, des travaux, des salaires, des amendements, des fumures, des engrais commerciaux, des semences et surtout des réserves de grains, pour obtenir des améliorations importantes; nous ne parlons pas des bâtiments et des bestiaux, qui réclament cependant tant d'améliorations et de dépenses; donc sans capital la routine habituelle doit être suivie par force majeure et non pas par ignorance, et les récoltes médiocres ou mauvaises en seront toujours la suite inévitable.

Telle est la situation générale de l'agricultnre dans les deux tiers de la France agricole : c'est là ce qu'il faut

(1) Voir la note à la fin du chapitre page 85.

changer, dans l'intérêt public. C'est là cependant ce que la science pure, d'accord avec la haute finance, prétend conserver jusqu'à l'arrivée de ces jeunes générations savantes à la tête de nos exploitations rurales, après avoir découvert sans doute le moyen très simple et très facile, pour eux, de se passer du capital d'exploitation que nous prétendons indispensable et que nous sommes assurés de procurer à l'agriculture française, par l'organisation rationnelle du crédit agricole et l'institution d'une banque de l'agriculture, pour lesquelles nous adjurons tous les hommes éclairés et dévoués au pays, de se réunir et de redoubler d'efforts pour provoquer par tous les moyens cette organisation, afin de mettre à la portée de nos fermiers et de nos métayers le capital indispensable, par le temps qui court, ce temps de préjugés, d'erreurs et de routine, qui jusqu'ici a mis obstacle à l'organisation du crédit agricole.

C'est une ligue du bien public qu'il faut organiser contre les crises agricoles, dans l'intérêt de l'agriculture elle-même, et dans celui de la population entière.

Les cultivateurs anglais, les montagnards écossais, n'étaient pas plus savants, ni plus riches que nos cultivateurs, et cependant ils ont pu réaliser une production générale équivalente au double de la nôtre; parce que le capital d'exploitation mis à leur disposition les a rendus plus capables et plus éclairés ; ils ont pu cultiver mieux, fumer beaucoup, soigner et nourrir mieux leur bétail et se livrer à toutes les améliorations les plus profitables, avec d'excellents instruments, aidés par leurs grands et riches propriétaires, et surtout avec l'appui de nombreuses banques agricoles, qui leur ont avancé d'importants capitaux, au début de ces grandes améliorations ; et ce sont aujourd'hui ces mêmes banques de prêts et de crédit qui sont devenues des banques de dépôt, pour ces mêmes cultivateurs, précédemment misérables et ignorants ; mais que le capital, par sa toute puissance, a transformés en riches et savants cultivateurs, en intelligents directeurs de ces belles manufactures rurales de grains, viande, graisse, laine, cuir, huile, alcool, lin, chanvre, etc.

Ainsi feront nos cultivateurs français, tout disposés qu'ils sont à imiter leurs confrères d'Angleterre et d'Ecosse; car le capital est bien la première base de la science pratique qu'ils possèdent au-delà du détroit, et qui fait défaut à nos cultivateurs. Voilà la seule cause de l'infériorité de notre production générale et de la routine de nos exploitants, de la gêne et même de la misère de tant de cultivateurs français, et de ces crises agricoles qui viennent si souvent imposer des privations et des souffrances à tant de travailleurs.

Nous n'aurions aucun besoin de justifier la plupart des faits que nous avons cités; ils sont connus de tous, surtout en province, par tous les hommes ayant quelques relations directes avec un certain nombre de fermiers et de métayers. Mais ailleurs il n'en est pas de même, les opinions se forment dans un certain monde, non pas sur des faits réels, mais sur d'autres opinions, intéressées celles-là, au maintien du *statu quo*. C'est là le motif qui nous a dirigé dans le résumé que nous venons de faire des études longues, sérieuses, auxquelles nous nous sommes livré, sur la situation de notre agriculture, les moyens de prévenir toutes les crises des subsistances, le mécanisme du crédit et l'urgence de son organisation et de la fondation d'une banqne de l'agriculture.

Nous terminerons cet exposé par une citation extraite des *Voyages en France* de 1787 à 1791 d'Arthur Young, célèbre cultivateur anglais, observateur judicieux et compétent :

« La France, dit-il, est inférieure à l'Angleterre de trois « louis et demi par acre, ce qui forme un déficit de dix « milliards de livres. Il faudrait donc dépenser en France

« cette immense somme pour égaler l'agriculture anglaise.
« La France, après un siècle de travaux, de soins et de
« *dépenses exclusivement consacrés à ses manufactures,* à
« son agriculture dans un misérable état. »

Lullin de Châteauvieux, agronome distingué, constate, presque dans les mêmes termes, à un demi-siècle de distance, dans ses voyages agronomiques en France, l'immense déficit du capital d'exploitation dans presque toutes nos cultures, à quelques exceptions près.

Un ancien inspecteur général de l'agriculture française, M. Royer, savant agriculteur praticien, disait en 1844, à son retour d'une mission agricole officielle en Allemagne ;

« La moitié de la France agricole, dans le centre,
« l'ouest et le midi, privée de capitaux, présente le plus
« désolant tableau de la misère. D'immenses étendues ne
« présentent à peu près rien à la consommation générale.
« *Nul doute que le produit agricole de ces pays ne puisse être*
« *facilement quintuplé.*

« Ce n'est pas l'insuffisance des bénéfices agricoles qui
« empêche ou arrête les plus importantes améliorations de
« l'agriculture, *mais bien l'absence des capitaux et l'impos-*
« *sibilité de s'en procurer.* »

Royer avait appris cette grande vérité, par expérience directe sur le terrain, à ses dépens, comme tant d'autres l'ont éprouvé et l'éprouvent encore.

Il y a eu de nombreuses améliorations de détail, depuis lors, mais plus particulièrement chez les propriétaires, ce qu'il ne faut pas oublier.

La moyenne de notre production générale comparée à celle de l'Angleterre, trace parfaitement la ligne que nous devons suivre, les devoirs que nous avons à remplir, pour ne pas rester en arrière et enchaînés au pied de la routine.

Que le crédit agricole vienne répandre ses bienfaits sur toutes nos exploitations rurales, l'agriculture française deviendra bientôt sans rivale. Voilà ce qne la véritable science agricole enseigne, en s'appuyant sur l'autorité des faits généraux, et ce que son application intelligente et raisonnée, par nos laborieux compatriotes exploitant notre excellent sol, se chargera de démontrer à tous les yeux, en très peu de temps, et c'est avec empressement, avec bonheur, que nos vaillants et courageux cultivateurs, devenus libres enfin de redoubler d'efforts et d'appliquer toutes les améliorations les plus profitables, avec l'appui de la banque de l'agriculture, pourront facilement augmenter la production générale actuelle, satisfaire tous les besoins de la consommation générale en toutes circonstances et assurer la prospérité de l'agriculture et celle du pays. Oh ! si l'Empereur le savait !

Rappelons-nous donc sans cesse les désastreux effets des crises des subsistances, les privations et les souffrances de nos populations laborieuses qui viennent compromettre tous les intérêts du pays. Car il ne faut pas oublier que tous nos bouleversements politiques ont été précédés par des crises agricoles, la cherté du pain étant toujours le premier mobile des troubles de la tranquillité publique.

Pendant la durée de ces crises périodiques, de vives préoccupations se manifestent ; mais aussitôt le danger passé, personne n'y songe plus. La mobilité des esprits semble faire obstacle chez nous à une poursuite soutenue jusqu'à l'application de ces grandes améliorations qui intéressent l'aisance générale et le bien-être de tous. En sera-t-il encore de même cette fois, après cette crise que nous venons de subir ?

Devons-nous rester fatalement soumis aux malheureux effets qu'entraîne une telle situation ?

Les centaines de millions qui se dépensent ainsi, en pure perte pour le pays, ne seraient-ils pas mieux employés, à titre de prêts seulement, s'ils étaient répandus sur toute la surface du territoire national, en améliorations agricoles les plus productives de toutes? N'est-ce pas ainsi que pourraient-être réalisées les conditions de cette vie à bon marché, qui jusqu'ici n'a été qu'une espérance et qui pourrait si facilement devenir une réalité?

N'est-ce pas aussi notre faute à tous si nous oublions si vite les leçons de l'expérience et les misères de ceux qui souffrent ?

Devons-nous nous borner à exprimer des vœux toujours impuissants ?

Ne serait-ce pas imiter ces populations de l'Orient que nous traitons de barbares, parce qu'elles restent spectatrices bénévoles des incendies qui ravagent leurs propriétés, sans faire le moindre effort pour les combattre et les éteindre ?

Il y a mieux à faire, ce nous semble, c'est d'adresser à l'Empereur les doléances de nos populations, à ce point de vue de l'agriculture, en voyant se perpétuer la routine et les maux qu'elle entraîne et de demander l'organisation rationnelle du crédit agricole dont les bases viennent d'être indiquées : seul moyen de sortir de cette situation désastreuse, dans la quelle sont retenus les cultivateurs, et de triompher des difficultés les plus nuisibles au bien-être général, au développement de la richesse publique et à la grandeur de la France.

Note de la page 80.

(1) Au moment du tirage de cette quatrièmc édition de notre ouvrage, S. Ex. M. le Ministre de l'Agriculture vient de rendre un arrêté qui modifie les mêmes conditions relatives à la grande prime d'honneur, et fait droit à nos observations. Cet arrêté, provoqué par M. de Sainte-Marie, le nouveau directeur de l'agriculture, est d'un heureux augure pour tous les vœux exprimés par l'agriculture dans l'enquête et dans notre présent travail. Honneur à M. de Sainte-Marie!

CHAPITRE XIII.

Organisation rationnelle du Crédit agricole et de la banque de l'Agriculture française. — L'exposé des motifs d'un projet de loi spécial est contenu dans les chapitres précédents. — Projet de loi

Les développements et les détails multipliés que comprennent les chapitres précédents, forment en quelque sorte l'avant-projet d'un exposé des motifs du projet de loi ci-après :

Nous avons cru nécessaire de donner toutes les explications relatives à la grande question de l'organisation du Crédit agricole en France, pour compléter les notions de beaucoup de personnes dont l'opinion peut avoir été faussée par les sophismes des détracteurs systématiques de notre grande industrie agricole, afin que chacun puisse apprécier la situation exacte du premier de nos plus grands intérêts nationaux, les mesures que nous proposons, les moyens d'exécution et la nécessité d'accélérer leur application dans l'intérêt public.

PROJET DE LOI.

Article 1er. Une banque de l'agriculture française est instituée à Paris, sous la surveillance des Ministres des Finances, de l'Intérieur et de l'Agriculture. Ses opérations s'étendront dans tous les cantons de l'empire sans exception.

Art. 2. Le dégagement des valeurs agricoles établira la garantie des opérations de la banque ; il s'opérera par une déclaration détaillée, affirmée et signée par le cultivateur avec indication :

1° Du titre constatant les droits et la durée de sa jouissance comme propriétaire, fermier ou métayer ;

2° De la somme demandée ;

3° De son emploi agricole ;

4° Des contenances cadastrales des terrains et des cultures ;

5° Des travaux effectués ou à effectuer ;

6° Des bestiaux lui appartenant en propre ou à cheptel, et de leurs produits annuels ;

7° Et des récoltes de toute nature à réaliser dans le courant de l'année agricole.

Cette déclaration sera vérifiée et certifiée par le garde-champêtre de la commune sur laquelle les biens sont situés, ou par un conseiller municipal délégué par le conseil.

Elle sera contrôlée par acte authentique reçu par l'un des notaires du canton, à qui toutes les justifications devront être faites et affirmées par le cultivateur, sous les peines du stellionat.

Art. 3. Sur la valeur agricole ainsi dégagée, la banque opérera la conversion, en obligations agricoles, du montant de chaque opération, dont les unes seront négociées par la banque, comme les obligations foncières du Crédit foncier, avec le concours des trésoriers-payeurs généraux et particuliers, et les autres obligations conservées dans le porte-feuille de la banque, comme représentation effective des avances directes faites aux cultivateurs en billets de banque agricoles.

Art. 4. Les obligations agricoles converties ne pourront dépasser la limite du sixième au quart de la valeur approximative constatée des produits généraux annuels du bétail et des récoltes. Elles ne seront pas inférieures à la somme de cent francs.

Art. 5. Le montant des obligations agricoles délivrées par la banque aux producteurs de la subsistance générale de la population entière, le premier de nos plus grands intérêts nationaux, sera garanti par un privilége spécial, au profit de la banque, sur le bétail, les produits du bétail et des récoles de l'année au même titre et au même rang que les frais faits pour cette récolte, pour sa production ou sa conservation, conformément aux dispositions de l'art. 2102 du Code Napoléon, en son texte et en son esprit.

Art. 6. Les obligations agricoles porteront intérêt au taux de quatre pour cent par an.

Art. 7. L'exigibilité des obligations sera fixée du 1er août au 1er janvier de chaque année, suivant les régions culturales. En cas de saisie des récoltes, le remboursement deviendra exigible.

Art. 8. Les frais d'administration calculés d'après les bases adoptées par le Crédit foncier de France (60 cen. par 100 francs) seront à la charge des emprunteurs.

Art. 9. Sur le montant des intérêts des obligations agricoles non négociées et restant en porte-feuille à titre de garantie, il sera prélevé :

1° Un pour cent pour le compte de l'Etat et versé au Trésor, aussitôt que le montant des frais d'administration aura été couvert par l'allocation affectée à cet emploi spécial;

2° Deux pour cent seront affectés au paiement des frais généraux d'administration de la banque ;

3° Le restant (un pour cent), formera, chaque année, un fonds commun destiné à couvrir les sinistres éprouvés par les emprunteurs, pour grêle, incendie, gelée, inondation.

Art. 10. En cas d'isuffisance des produits destinés à couvrir les frais généraux d'administration, au début des opérations de la banque, une somme annuelle de quatre cent mille francs y sera affectée par l'Etat, jusqu'à due concurrence.

L'excédant, s'il y en a, servira à augmenter le fonds commun destiné à couvrir les sinistres éprouvés par les cultivateurs en relation avec la banque, tels que : 1° grêle; 2° incendie ; 3° gelée; 4° inondation, les pertes occasionnées par les trois derniers fléaux ne recevront des allocations que sur l'excédant des sommes affectées au paiement des pertes occasionnées par la grêle et dans l'ordre successif indiqué. La subvention payée par l'Etat sera supprimée, lorsque le fonds commun sera devenu suffisant pour couvrir les pertes.

Art. 11. Le remboursement des obligations agricoles pourra être prorogé chaque année, après paiement des intérêts et des frais du nouveau dégagement de la valeur des produits de la nouvelle récolte affectée au privilége de la banque, et la nouvelle conversion effectuée.

Art. 12. La dotation de la banque de l'agriculture sera fixée, pour la première année, à la somme de deux cent millions de francs, en billets de banque spéciaux de 25, 50, 100, 200 et 500 francs, que le ministre des finances est autorisé à créer sous sa responsabilité, avec toutes les formalités nécessaires pour leur assurer la valeur garantie d'une monnaie nationale.

Art. 13. Ces billets de banque gagés, auront un cours légal, sous la garantie formelle de l'Etat, outre celle des valeurs représentatives de l'Agriculture, converties par la banque, dans la même forme que les obligations foncières.

Art. 14. Ils seront affectés exclusivement au service de l'agriculture et ne pourront recevoir aucune autre destination, en aucuns cas.

L'émission ne pourra en être faite que par l'intermédiaire de la banque de l'Agriculture, pour les seules opérations agricoles, dont elle est chargée exclusivement, sous la responsabilité de son gouverneur. Ils ne pourront être mis en circulation sans sa signature et celle d'un sous-gouverneur.

Art. 15. Le gouverneur de la banque sera nommé par l'Empereur.

Il rendra compte, chaque année, de toutes les opérations de la banque aux trois ministres désignés. Un compte détaillé par département, arrondissement et canton sera soumis au corps législatif, chaque année, pour apprécier le résultat des opérations de la banque, dans l'intérêt public, et fixer le montant des billets de banque destinés à compléter son capital, s'il y a lieu.

Une situation des opérations de la banque sera adressée, chaque mois, aux trois ministres spéciaux, et insérée au *Journal officiel.*

Art. 16. La banque de l'agriculture aura un agent général dans chaque département.

Les notaires de chaque canton seront les contrôleurs nécessaires et les intermédiaires officiels des cultivateurs avec la banque.

Art. 17. Les avances et remboursements se feront par l'intermédiaire des notaires de chaque canton ou des percepteurs.

Art. 18. Tous les actes relatifs aux opérations de la banque seront exempts du timbre et enregistrés au droit fixé de vingt centimes sans décime.

Les déclarations, contrôles et quittances, seront reçus et délivrés en double brevet par les notaires.

Art. 19. Les billets de banque agricoles pourront être échangés dans les caisses publiques des trésoriers-payeurs généraux et particuliers, mais pour un seul billet à la fois.

Art. 20. Un réglement d'administration publique établira toutes les conditions de l'administration de la banque, de la création des obligations agricoles et des billets de banque, ainsi que celles de la coopération des notaires, et fixera le cautionnement des fonctionnaires et des employés.

Art. 21. Toute fausse déclaration pouvant causer une perte à la banque, sera considérée comme un stellionat et punie des peines édictées par la loi.

La création d'une monnaie légale par l'État, son émission par un grand établissement public fondé dans un grand intérêt public et national, les formalités et les garanties spéciales dont cette institution spéciale est entourée, sont tellement supérieurs à la fabrication des billets de banque par un établissement financier, quelque grand qu'il soit, que l'on n'hésitera pas à reconnaître une grande amélioration à l'état actuel des choses existant, et les avantages considérables qui en résulteront nécessairement, au lieu des inconvénients graves et nombreux qui ont été reconnus et signalés par l'expérience.

Nous devons rapporter ici un fait considérable à l'appui de cette introduction en France d'une monnaie légale adoptée à l'Etranger depuis longtemps avec les plus grands avantages.

La Prusse a fait l'expérience la plus décisive de l'emploi de cette monnaie. Le Gouvernement comprit le besoin qui s'en faisait sentir et voulut le satisfaire. Au moment de son émission, tout le monde se jetta dessus et ce papier gagna un pour cent. Le Gouvernement doubla la circulation de son papier, la prime descendit à un demi pour cent; la quantité de papier fut encore augmentée par le Gouvernement pour atteindre le pair. (Discours de M. Benoit Fould à la Chambre des Députés, le 14 Avril 1845.)

Nous n'en demandons pas davantage pour satisfaire les besoins de l'agriculture et prévenir les souffrances des populations. Nous devons espérer que la fondation de la banque de l'agriculture française sera organisée sans aucun retard, dans l'intérêt public.

CHAPITRE XIV.

Résumé et conclusion. — L'organisation du crédit assurera la prospérité de l'agriculture et la vie à bon marché. — Les populations rurales consommeront alors les produits de l'industrie. — Le grand marché national de 40 millions de consommateurs développera la prospérité de l'industrie, du commerce et de la France entière. — Des efforts soutenus et une puissante volonté pourront seuls vaincre les résistances opposées au crédit agricole. — Les propriétaires et les cultivateurs doivent demander à l'Empereur l'organisation du crédit et de la banque de l'agriculture. — Aidons-nous, le ciel nous aidera.

La situation générale de l'agriculture française prouve surabondamment que notre production générale est insuffisante pour les besoins de la consommation générale, en toutes circonstances et qu'elle pourrait être facilement portée au double, en suivant l'exemple donné depuis plus d'un siècle par les Anglais, puisque notre sol et notre climat sont généralement plus favorables.

L'agriculture anglaise a trouvé dans les banques agricoles le puissant mobile de toutes ses améliorations, et elle les a poursuivies avec l'énergie et la persévérance nécessaires pour vaincre toutes les difficultés et renverser tous les obstacles opposés par la routine, par les hommes et par les choses.

Notre situation agricole est infiniment plus favorable que

celle si misérable qui existait il y a moins d'un siècle, puisque nous comptons un grand nombre de propriétaires et de fermiers disposant d'un capital d'exploitation indispensable, à l'aide duquel ils obtiennent des résultats très-remarquables. On voit chez eux le bétail de toutes les espèces amélioré notablement ; les terres mieux cultivées, fumées et amendées, deviennent plus productives ; les instruments perfectionnés construits et employés de toutes parts, permettent de réaliser d'importantes améliorations précédemment inconnues.

Il ne manque plus que le capital nécessaire à toutes les améliorations foncières et agricoles, pour augmenter en peu de temps, notre production générale déjà portée à une évaluation officielle de quinze milliards de francs en 1862, offrant une garantie considérable aux avances annuelles à faire, par le crédit, dans les conditions les plus avantageuses, pour assurer la prospérité de l'agriculture, dans l'intérêt public, les bénéfices les plus élevés à la banque de l'agriculture et une nouvelle source de revenus au Trésor.

Les heureux résultats assurés aux travaux de la terre répandront le bien-être et l'aisance parmi toutes les populations laborieuses et leur permettront de consommer les produits de nos industries, et d'ouvrir ainsi un nouveau débouché considérable qui leur fait défaut, sur notre grand marché national de quarante millions de consommateurs ; d'où résultera la prospérité de l'industrie et du commerce et nécessairement celle de la France entière.

C'est bien alors que tout naturellement et sans incertitudes *La vie à bon marché* serait assurée réellement et facilement à toutes nos populations laborieuses.

Parmi les avantages les plus considérables que procurera la Banque de l'agriculture, aussitôt après son organisation, il ne faut pas oublier la conservation d'une réserve ordinaire de grains indispensables, après l'abondance d'une récolte, pour limiter les exportations aux seuls excédants de la consommation générale et parer au déficit possible des récoltes médiocres ou mauvaises.

Cette organisation est donc d'une urgence extrême pour permettre son application la plus immédiate à une récolte dont l'abondance offrira la facilité de conserver une réserve de dix à quinze millions d'hectolitres de grains, en sus des réserves habituelles toujours insuffisantes jusqu'ici ; afin de rendre inutiles les importations de grains étrangers, qui ont ruiné nos populations jusqu'à la dernière récolte de 1867, dont l'insuffisance a entraîné une dépense forcée de 3 à 400 millions de francs, au profit des agricultures étrangères, après nos exportations forcées, intempestives à la suite de l'abondance d'une récolte précédente. L'organisation d'une banque de l'agriculture nous aurait préservé de ces désastreuses opérations, si elle eut existé précédemment.

Mais pour obtenir l'organisation du crédit agricole, si utile et si avantageuse, si nécessaire et si urgente, il faut se préparer à la lutte la plus vive contre les intérêts opposés, depuis longtemps organisés, qui jusqu'ici ont mis obstacle, par suite de vieilles erreurs et d'anciens préjugés, à cette grande institution nationale qui nous fait défaut, la véritable panacée universelle, le puissant mobile de la multiplication des richesses, au profit de tous et de chacun des membres de la grande nation française.

L'un des plus graves motifs qui doivent engager l'administration supérieure à organiser sans retard le crédit agricole et la banque de l'agriculture, outre son extrême urgence dans l'intérêt public, c'est la situation de l'agriculture et des producteurs du blé et de la viande, dans l'opinion des populations, « *et ce préjugé déplorable qu'il dépend de* « *l'autorité publique de faire la hausse et la baisse des mar*- « *chandises* », ainsi que l'a fort bien dit S. Exc. M. de Forcade, ministre de l'agriculture, du commerce et des travaux publics, au concours de Poissy, le 17 avril 1867, en ajoutant :

« *La liberté seule peut écarter ces responsabilités dangereuses* « *qui font remonter jusqu'au gouvernement lui-même les causes* « *de la disette et de l'abondance.* »

« *L'initiative individuelle et la résistance intéressée, sont* « *encore la sauvegarde la plus sûre contre ceux qui deman-* « *dent au commerce, non des bénéfices légitimes, mais des* « *profits exagérés. Prenons l'habitude de faire nous-mêmes* « *nos affaires, ne demandons au gouvernement d'intervenir* « *dans les transactions privées que pour maintenir, dans* « *l'intérêt de tous, les règles du droit et de la justice.* »

« *Les principes de liberté qui doivent régir le commerce des* « *céréales s'appliquent également au commerce des bestiaux,* « *l'élévation croissante du prix de la viande est l'objet d'une* « *préoccupation légitime.* »

Le seul, l'unique moyen de voir appliquer ces principes rationnels par les cultivateurs qui n'ont, d'ailleurs, que des relations indirectes avec les boulangers et les bouchers des villes et encore moins avec leurs syndicats, qui anéantissent complètement toute action de la concurrence, partout où existe cette organisation hostile à l'intérêt public et aux consommateurs; c'est de mettre les cultivateurs en situation de disposer des capitaux et du crédit indispensables à toutes les industries; alors seulement les producteurs du pain et de la viande auront *la faculté avec la liberté* d'obtenir des récoltes abondantes et de poursuivre avec succès l'élevage et l'engraissement du bétail, pour satisfaire la consommation générale en toutes circonstances.

Il dépend du gouvernement seul d'organiser le crédit agricole sur des bases solides, efficaces et rationnelles, et non pas d'en déléguer la faculté à un établissement privé ou public quelconque, pour monopoliser à son profit un simulacre d'institution, sans aucun caractère agricole et sans aucune utilité pour la grande agriculture française.

Jusque-là, si nos populations accusent l'administration supérieure de négliger les moyens de combatre les disettes et de provoquer et assurer l'abondance ; sans aucun doute, ces reproches ne se feront plus entendre ; ils ne seront même plus possibles, *lorsque la banque de l'agriculture fonctionnera dans l'intérêt public, comme dans celui de l'agriculture.*

Tous les détails dans lesquels nous sommes entrés précédemment pour développer ces principes vrais et incontestables, prouvent surabondamment la réalité de notre assertion.

L'agriculture tout entière et la propriété foncière doivent se réunir, pour éclairer et vaincre les résistances aveugles qui ont jusqu'ici faussé l'opinion et contribué à conserver l'ancien état arriéré et routinier de l'agriculture, en la méconnaissant et la calomniant.

Les cultivateurs doivent donc demander à l'Empereur l'organisation de la banque de l'agriculture ; cette brochure les aidera à réunir leurs efforts contre les crises agricoles si ruineuses pour tous leurs intérêts, comme pour toutes les populations laborieuses.

L'agriculture, dans l'intérêt public comme dans le sien propre, doit user de son initiative, manifester son opinion, afin d'indiquer le moyen qui lui manque pour surmonter les difficultés qui font obstacle au progrès et à l'augmentation de la production générale, et elle réussira, car le vœu le plus fervent de l'Empereur, est d'assurer la prospérité de l'agriculture le plus promptement possible, et cette prospérité ne pourra exister sans l'organisation du crédit et de la banque de l'agriculture.

Aidons-nous, le Ciel nous aidera.

Et propageons les principes contenus dans cet ouvrage, pour les faire pénétrer en tous lieux, et en faciliter l'adoption.

A l'œuvre donc ! propriétaires et capitalistes, cultivateurs, fermiers et métayers ! unissons nos efforts pour obtenir l'organisation de la banque de l'agriculture, afin d'accélérer la marche du progrès et d'assurer la prospérité, la puissance, la grandeur et la fortune de la France. Redoublons de soins pour atteindre ce grand et noble but : c'est notre intérêt, c'est notre devoir.

A l'œuvre ! hommes d'Etat de la France ! Amis de la prospérité du pays ! Tournez vos regards vers notre grande industrie agricole. Ce livre contient l'exposé des motifs d'un projet de loi sur l'organisation du crédit agricole, dont l'agriculture entière attend les bienfaits depuis deux siècles.

C'est ainsi que vous compléterez enfin la grande œuvre de Colbert, l'introduction en France du système économique de l'Angleterre, dont les manufactures dotées d'un capital suffisant, avec l'appui du crédit commercial, forment la première partie et l'agriculture et les banques agricoles la seconde partie, la plus utile et la plus indispensable, celle dont nous sommes encore privés.

A l'œuvre donc ! car c'est ainsi que vous pourrez protéger, améliorer, encourager et honorer l'agriculture française, afin que le plus beau pays du monde en devienne aussi le plus fortuné.

TABLE DES MATIÈRES.

Paris-Vaugirard, imp. Aubry, rue Gerbert, 10.

www.ingramcontent.com/pod-product-compliance
Lightning Source LLC
LaVergne TN
LVHW020406230826
846091LV00004B/1168
* 9 7 8 2 0 1 9 6 3 6 6 5 4 *